大豆优质轻简高效栽培技术宝典

主 编 龚振平 马春梅

·北京·

内 容 提 要

本书介绍了近年生产上主要应用的高产优质大豆品种94个，区域覆盖大兴安岭、三江平原、松嫩平原北部、松嫩平原中南部、黄淮海地区和长江流域等大豆主要种植区域，内容涵盖品种来源、特征特性、技术要点、适宜地区及注意事项等内容；同时，根据不同种植区域气候和生态特征介绍了涵盖大豆密植栽培技术、大豆大垄栽培种植技术、大豆垄三种植技术和大豆高效培肥种植技术在内的轻简化栽培技术模式18套，包括技术目标、技术要点、适宜范围和注意事项等内容。

本书供我国大豆农业科技工作者及相关推广人员、生产人员参考。

图书在版编目（CIP）数据

大豆优质轻简高效栽培技术宝典 / 龚振平，马春梅主编. -- 北京：中国水利水电出版社，2022.12
ISBN 978-7-5226-1398-7

Ⅰ.①大… Ⅱ.①龚… ②马… Ⅲ.①大豆－栽培技术 Ⅳ.①S565.1

中国版本图书馆CIP数据核字(2022)第256897号

书　名	大豆优质轻简高效栽培技术宝典 DADOU YOUZHI QINGJIAN GAOXIAO ZAIPEI JISHU BAODIAN
作　者	主编　龚振平　马春梅
出版发行	中国水利水电出版社 （北京市海淀区玉渊潭南路1号D座　100038） 网址：www.waterpub.com.cn E-mail：sales@mwr.gov.cn 电话：（010）68545888（营销中心）
经　售	北京科水图书销售有限公司 电话：（010）68545874、63202643 全国各地新华书店和相关出版物销售网点
排　版	中国水利水电出版社微机排版中心
印　刷	清淞永业（天津）印刷有限公司
规　格	170mm×240mm　16开本　10.25印张　201千字
版　次	2022年12月第1版　2022年12月第1次印刷
印　数	0001—2000册
定　价	**49.00元**

凡购买我社图书，如有缺页、倒页、脱页的，本社营销中心负责调换
版权所有·侵权必究

编委会名单

主编 龚振平 马春梅

参编
闫　超	董守坤	颜双双	吕晓晨	杜升伟
张　雷	郭　泰	张敬涛	王燕平	王德亮
付亚书	景玉良	王金星	栾晓燕	程延喜
刘宝权	王曙明	王振民	王庆钰	王丕武
董志敏	王新风	刘　佳	杨继余	姚秀炜
孙君明	徐　冉	杨春燕	闫淑荣	王秋玲
武永康	陈海峰	杨中路	蔡丽君	盖志佳
黄　毅	张玉先	毕影东	金诚谦	王秋菊
严　君	张　伟	吴存祥	单福昕	李金旺
李　贺	孙春燕	孙可新	林　涛	张　进
徐乐田	王雪莱	王　畅		

前言

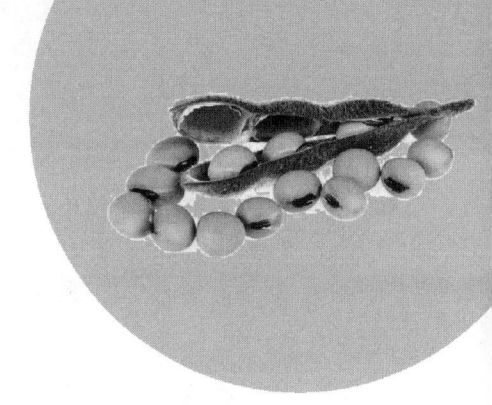

为了充分发挥科技服务农业生产一线的作用，将现今适用的农业新技术及时有效地送到田间地头，更好地使"科技兴农"落到实处，编者在深入生产一线和专家座谈的基础上，紧紧围绕当前农业生产对先进适用技术的迫切需求，立足国家重点研发计划项目产生的最新科技成果，组织专家精心编写了小巧轻便、便于携带、通俗适用的"农村科技口袋书"丛书。

大豆是我国重要的粮油兼用作物，随着经济的快速发展，大豆的需求量持续增加。但目前我国大豆需求多依赖于进口，2015年至今我国大豆进口量均在8000万吨以上，约为国内大豆产量的5倍。为此，2019—2022年"中央一号文件"先后提出了实施大豆振兴计划、多途径扩大种植面积，加大对大豆高产品种和玉米、大豆间作新农艺推广，稳定大豆生产，大力实施大豆和油料产能提升工程等指导意见。

《大豆优质轻简高效栽培技术宝典》筛选凝练了国家重点研发计划"大豆优质轻简高效栽培技术集成与示范"（2020YFD1000903）课题实施取得的新成果，针对国内大豆自给率和单产低、人工成本高、国际竞争力弱等问题，围绕机械化轻简高效生产目标，对东北、黄淮海及南方不同积温区的主栽品种进行了梳理和总结，选取适宜东北、黄淮海和南方大豆产区的优质高产高效栽培技术模式进行详细介绍。旨在方便广大科技特派员、农业生产者、专业合作社和农民等利用现代科学知识、发展现代农业、增收致富和促进经济作物增产增效，为加快社会主义新农村建设和保障国家粮食安全作出贡献。

《大豆优质轻简高效栽培技术宝典》由来自农业生产、科研一线的专家、学者和科技管理人员共同编写，书中所收录的技术均为新技术，成熟、实用、易操作、见效快，既能满足广大农民和科技特派员的需求，也有助于家庭农场、现代职业农民、种植养殖大户解决实际问题。

在丛书编写过程中，我们力求将复杂技术通俗化、图文化、公式化，并在不影响阅读的情况下，将书设计成口袋大小，既方便携带，又简洁实用，便于农民朋友随时随地查阅。但由于编者水平有限，不足之处在所难免，恳请读者批评指正。

编者

2022 年 2 月

目录

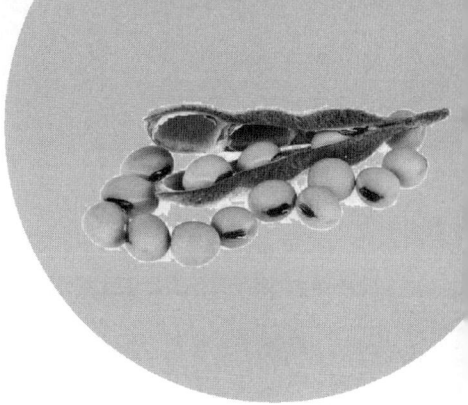

前言

大兴安岭极早熟及早熟区大豆主栽品种

黑河 35	2
黑河 44	3
加农 1	4
加农 2	5
北兴 1	6

三江平原大豆主栽品种

黑河 43	8
黑科 60	9
合丰 50	10
合丰 55	11
合农 60	12
合农 72	13
合农 74	14
合农 75	15
合农 76	16
合农 77	17
合农 78	18
合农 80	19
合农 85	20
合农 95	21
合农 113	22

合农 114 ………………………………………………………………… 23
合农 135 ………………………………………………………………… 24
佳豆 6 …………………………………………………………………… 25
佳豆 8 …………………………………………………………………… 26
佳密豆 6 ………………………………………………………………… 27
佳密豆 8 ………………………………………………………………… 28
佳密豆 9 ………………………………………………………………… 29
东生 77 …………………………………………………………………… 30
东生 78 …………………………………………………………………… 31
东生 79 …………………………………………………………………… 32
东生 83 …………………………………………………………………… 33
牡试 2 …………………………………………………………………… 34
牡豆 9 …………………………………………………………………… 35
牡豆 10 …………………………………………………………………… 36
牡豆 11 …………………………………………………………………… 37
牡豆 15 …………………………………………………………………… 38
牡试 6 …………………………………………………………………… 39
垦丰 16 …………………………………………………………………… 40
垦丰 17 …………………………………………………………………… 41
垦豆 43 …………………………………………………………………… 42
垦豆 94 …………………………………………………………………… 43
垦豆 95 …………………………………………………………………… 44
垦科豆 13 ………………………………………………………………… 45
垦科豆 28 ………………………………………………………………… 46

松嫩平原北部大豆主栽品种

绥农 26 …………………………………………………………………… 48
绥农 29 …………………………………………………………………… 49
绥农 35 …………………………………………………………………… 50
绥农 36 …………………………………………………………………… 51
绥农 49 …………………………………………………………………… 52
绥农 53 …………………………………………………………………… 53
绥农 71 …………………………………………………………………… 54
绥农 81 …………………………………………………………………… 55

绥无腥豆3	56
绥农42	57
绥农44	58
绥农48	59
绥农52	60
绥农82	61
绥农76	62
绥农94	63
绥农56	64

松嫩平原中南部大豆主栽品种

黑农48	66
长农39	67
吉育86	68
吉育407	69
吉农43	70
吉育403	71
吉大豆19	72
长农45	73
长密豆30	74
吉农38	75
吉育308	76
吉育47	77
吉育303	78
吉育69	79
吉农71	80
九农43B	81
长农17	82
长农26	83
吉农35	84
吉育259	85
吉农45	86
吉育202	87
吉育203	88

雁育豆 8 89

黄淮海地区大豆主栽品种

中黄 13 92
齐黄 34 93
冀豆 12 94
中黄 37 95
菏豆 19 96
郑 1307 97
郑 1311 98

长江流域大豆主栽品种

油 6019 100
中豆 46 101

大豆密植栽培技术模式

半矮秆大豆窄行密植种植模式 104
窄行大豆保护性耕作技术模式 106
大垄窄行大豆栽培技术模式 108
南方大豆密植综防栽培技术模式 110

大豆大垄栽培种植技术模式

望奎县大豆 110cm 垄上双行栽培技术 114
东北春大豆宽台大垄匀密高产栽培技术 117
大豆大垄滴灌栽培技术 121

大豆垄三种植技术模式

基于垄三栽培技术的大豆轻简种植模式 124
高油大豆优质栽培技术模式 126
望奎县大豆垄三栽培技术措施 128
绥化市北林区大豆 65cm 垄上双行高产栽培技术模式 131
大兴安岭地区超早熟大豆种植栽培模式 134
黄淮海夏大豆低损高质收获技术 136

大豆高效培肥种植技术模式

大豆深层培肥改土技术模式	140
大豆高效施肥技术模式	142
大豆带状深松栽培技术	144
米豆轮作条件下大豆高产栽培技术	146
黄淮海夏大豆免耕覆秸机械化生产技术	148

大兴安岭极早熟及早熟区大豆主栽品种

黑河 35

品种来源

黑龙江省农业科学院黑河分院选育。以黑河 14×黑河 17 为父母本，经有性杂交，系谱法选育而成，品种审定编号为黑审豆 2004011 号。

特征特性

在适应区，出苗至成熟生育日数 91 天左右，需≥10℃活动积温 1780℃左右。紫花、尖叶、灰茸毛。株高 75cm 左右，该品种为亚有限结荚习性，主茎型，多三、四粒荚，株型收敛，适宜机械化作业。籽粒圆黄均匀，脐色淡黄，光泽中等，百粒重 18g 左右。蛋白质含量 38.35%，脂肪含量 20.13%。中抗灰斑病。

图 1-1 黑河 35

技术要点

一般 5 月中下旬播种，垄作，每公顷保苗 41 万株左右，小垄或平播密植，每公顷保苗 45 万株。黑龙江省第六积温带播种在 5 月 25 日前后，救灾播种在 6 月中下旬，复播在 7 月上中旬。每公顷施尿素 25kg、磷酸二铵 150kg、硫酸钾 50kg，深施或分层施。

适宜地区

适宜黑龙江省第六积温带、内蒙古自治区呼盟鄂伦春旗等地区种植，也可作为黑龙江省第四、第三、第二、第一积温带，吉林、辽宁等地复种或救灾品种。

注意事项

注意及时防治蚜虫和食心虫。

技术来源：大兴安岭农林科学院
联系 人：杜升伟　　　　**电话**：15094619271

黑河 44

品种来源

黑龙江省农业科学院黑河分院选育。以黑交 92-1526 为母本,黑辐 95-199 为父本,经有性杂交,系谱法选育而成,品种审定编号为黑审豆 2007012 号。

特征特性

在适应区,出苗至成熟生育日数 92 天左右,需≥10℃活动积温 1750℃左右。该品种为亚有限结荚习性。株高 70cm 左右,无分枝,紫花,尖叶,灰色茸毛,荚成熟时呈灰色。种子圆形,种皮黄色,种脐浅黄色,有光泽,百粒重 22g 左右。品质分析平均蛋白质含量 39.31%,脂肪含量 21.10%。产量高,籽粒大,抗病强。

图 1-2 黑河 44

技术要点

5 月上中旬精量播种,垄三栽培公顷保苗 30 万株左右。每公顷施尿素 25kg 左右、磷酸二铵 150kg 左右、硫酸钾 50kg 左右,深施或分层施。

适宜地区

适宜黑龙江省第六积温带种植。

注意事项

注意及时防治蚜虫和食心虫。

技术来源:大兴安岭农林科学院
联 系 人:杜升伟　　　　　**电话**:15094619271

加农 1

品种来源

大兴安岭农林科学院选育。以东农 44 为母本，975 为父本配制杂交组合，代号兴安 08-094，经有性杂交，系谱法选育而成。品种审定编号为黑审豆 2015020 号。

特征特性

极早熟品种，需≥10℃活动积温 1950℃左右。该品种为亚有限结荚习性。株高 75cm 左右，节间距短，有分枝，白花，尖叶，灰色茸毛，荚镰刀形，多为三、四粒荚，顶部瘪荚少，成熟时呈褐色。籽粒圆形，种皮黄色，种脐黄色，有光泽，百粒重 19g 左右。平均蛋白质含量 42.25%，脂肪含量 18.62%，中抗灰斑病。籽粒饱满，丰产性好，中抗灰斑病。产量高，籽粒大，抗病强。

图 1-3 加农 1

技术要点

该品种在适应区 5 月 10—15 日播种，选择肥力较好地块种植，采用垄三栽培方式，公顷保苗 35 万株；每公顷施尿素 25kg、磷酸二铵 150kg、硫酸钾 50kg，深施或分层施。

适宜地区

适宜黑龙江省第六积温带、内蒙古自治区呼盟相应地区种植；黑龙江省与内蒙古南部地区、吉林、新疆等地迟播救灾。

注意事项

注意及时防治蚜虫和食心虫。

技术来源： 大兴安岭农林科学院
联 系 人： 杜升伟　　　　**电话：** 15094619271

加农 2

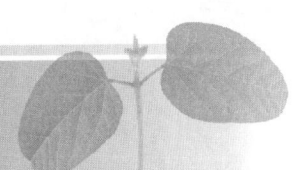

品种来源

大兴安岭农林科学院选育。以东农 44 为母本，976 为父本配制杂交组合，代号兴安 08-031，经有性杂交，系谱法选育而成。品种审定编号为黑审豆 2018039 号。

特征特性

在适应区出苗至成熟生育日数 95 天左右，需≥10℃活动积温 1900℃左右。该品种为亚有限结荚习性。株高 78cm 左右，有分枝，紫花，尖叶，灰色茸毛，荚弯镰形，成熟时呈褐色。种子圆形，种皮黄色，种脐浅黄色，有光泽，百粒重 23g 左右。平均蛋白质含量 41.50%，脂肪含量 19.60%。中抗灰斑病。前期发苗快，抑制杂草能力强。极早熟品种，秆强不倒伏，节间距短，荚密，多为三、四粒荚，顶部瘪荚少。产量高，籽粒大，抗病强。

图 1-4 加农 2

技术要点

在适应区 5 月中旬播种，选择中上等肥力地块种植，采用垄三栽培方式，公顷保苗 35 万株。一般肥力地块，每公顷施尿素 25kg、磷酸二铵 150kg、硫酸钾 50kg。

适宜地区

适宜黑龙江省第六积温带、内蒙古自治区呼盟相应地区种植；黑龙江省与内蒙古南部地区、吉林、新疆等地迟播救灾。

注意事项

注意及时防治蚜虫和食心虫。

技术来源： 大兴安岭农林科学院

联 系 人： 杜升伟　　　　　**电话：** 15094619271

北兴 1

品种来源

孙吴县北早种业有限责任公司选育。以东农 96-12 为母本，黑交 93-2016 为父本经有性杂交，系谱法选育而成。品种审定编号为蒙审豆 2016002 号、黑审豆 201017 号。

特征特性

在适应区出苗至成熟生育日数 105 天左右，≥10℃活动积温 2000℃以上地区种植。株高 68cm，该品种为无限结荚习性，披针叶，紫花，灰色茸毛，主茎节数 17 节，分枝 1 个。豆荚微弯镰形至棒形，成熟荚褐色。籽粒椭圆形，黄色种皮，黄色种脐，百粒重 20g。粗蛋白含量 34.91%，粗脂肪含量 22.90%。中感大豆灰斑病（7.80MS），中抗大豆花叶病毒 SMVⅠ号株系（30.77%MR），中感大豆花叶病毒 SMVⅢ号株系（44.76%MS）。

技术要点

播期为 5 月上中旬。每公顷密度为高肥力地块 32 万株，中等肥力地块 35 万株，低肥力地块 38 万株。一般肥力地块，每公顷施尿素 25kg、磷酸二铵 150kg、硫酸钾 50kg。

图 1-5 北兴 1

适宜地区

适宜黑龙江省第六积温带下限种植，内蒙古自治区呼伦贝尔市≥10℃活动积温 2000℃以上地区种植。

注意事项

注意及时防治蚜虫和食心虫。

技术来源：大兴安岭农林科学院
联 系 人：杜升伟　　　　　**电话**：15094619271

三江平原大豆主栽品种

黑河 43

品种来源

黑龙江省农业科学院黑河分院选育,以黑交 92-1544 为母本,黑交 94-1211 为父本,经有性杂交,采用系谱法选育而成。品种审定编号为黑审豆 2007011 号、蒙认豆 2016003 号。

特征特性

出苗至成熟生育日数 115 天左右,需≥10℃活动积温 2150℃左右。该品种为亚有限结荚习性。株高 75cm 左右,无分枝,紫花,长叶,灰色茸毛,成熟时呈灰色。种子圆形,种皮黄色,种脐浅黄色,有光泽,百粒重 20g 左右。接种鉴定中抗灰斑病。蛋白质含量 41.84%,脂肪含量 18.98%。

技术要点

5 月上中旬精量播种,垄三栽培公顷保苗 30 万株左右,;每公顷施尿素 25kg 左右、磷酸二铵 150kg 左右、硫酸钾 50kg 左右,深施或分层施。

适应地区

适宜黑龙江省第四积温带种植。

注意事项

注意及时预防控制病虫草害的发生。

图 1-6 黑河 43

技术来源:黑龙江省农业科学院黑河分院
联 系 人:张雷　　　　　电话:13845678979

黑科 60

品种来源

黑龙江省农业科学院黑河分院选育,以黑交05-1013为母本,黑河49为父本,经有性杂交,采用系谱法选育而成。品种审定编号为国审豆20180003、黑审豆20190024。

特征特性

出苗至成熟生育日数110天左右,需≥10℃活动积温2150℃左右。该品种为亚有限结荚习性。株高70cm左右,有分枝,紫花,尖叶,灰色茸毛,荚弯镰形,成熟时呈褐色。籽粒圆形,种皮黄色,种脐浅黄色,有光泽,百粒重19g左右。接种鉴定中抗灰斑病。蛋白质含量40.04%,粗脂肪含量20.21%。

技术要点

5月上旬播种,选择肥力较好地块种植,采用垄三栽培方式,公顷保苗30万～35万株。一般栽培条件下,每公顷施基肥磷酸二铵150kg左右、尿素25kg左右、硫酸钾50kg左右。

适应地区

适宜黑龙江省第三积温带种植。

注意事项

注意及时预防控制病虫草害的发生。

图1-7 黑科60

技术来源:黑龙江省农业科学院黑河分院
联 系 人:张雷　　　**电话**:13845678979

合丰 50

品种来源

黑龙江省农业科学院佳木斯分院选育。以合丰35为母本,合95-1101(合丰34×合丰35)为父本,经有性杂交方法选育而成。品种审定编号为黑审豆2006003。

特征特性

出苗到成熟116天,需≥10℃活动积温2350℃左右,该品种为亚有限结荚习性,株高85～90cm,秆强,节间短,每节荚数多,三、四粒荚多,顶荚丰富,紫花,尖叶,灰白色茸毛,荚熟褐色,籽粒圆形,种皮黄色,有光泽,种脐浅黄色,百粒重20～22g,接种鉴定中抗灰斑病、抗花叶病毒病SMVⅠ号株系。脂肪含量22.57%,蛋白质含量37.41%。

技术要点

5月上中旬播种,公顷保苗25万～28万株。在一般栽培条件下,每公顷施磷酸二铵150kg、尿素20kg、钾肥30～50kg。

适宜地区

适宜黑龙江省第二积温带种植。

注意事项

建议播种前对种子进行包衣处理。

图1-8 合丰50

技术来源:黑龙江省农业科学院佳木斯分院

联系人:郭泰　　　　**电话**:13603691985

合丰55

品种来源

黑龙江省农业科学院佳木斯分院选育。以北丰11号为母本，绥农4号为父本有性杂交，系谱法选育而成。品种审定编号为黑审豆2008010、国审豆2012001。

特征特性

出苗到成熟117天，需≥10℃活动积温2365.8℃左右，该品种为无限结荚习性，株高90～95cm，有分枝，紫花，尖叶，灰色茸毛，荚熟弯镰形，成熟时呈褐色，籽粒圆形，种皮黄色，有光泽，种脐黄色，百粒重20～25g，接种鉴定中抗灰斑病、抗疫霉病、抗花叶病毒病SMVⅠ号株系。脂肪含量22.61%，蛋白质含量39.35%。

技术要点

5月上中旬播种，采用垄三栽培方式，每公顷保苗25万株左右。在一般栽培条件下，每公顷施有机肥3万kg，结合秋整地一次性施入；每公顷施磷酸二铵150kg、尿素20kg、钾肥30kg，生育期间根据长势情况适当追肥。

适宜地区

适宜黑龙江省第二积温带种植。

注意事项

建议播种前对种子进行包衣处理。

图1-9 合丰55

技术来源：黑龙江省农业科学院佳木斯分院
联系人：郭泰　　　　**电话**：13603691985

合农 60

品种来源

黑龙江省农业科学院佳木斯分院选育。以北丰11号为母本,以美国矮秆品种 Hobbit 为父本,经有性杂交,系谱法选育而成。品种审定编号为黑审豆2010010。

特征特性

出苗到成熟117天,需≥10℃活动积温2290℃左右。该品种为有限结荚习性,垄作栽培株高40~50cm;窄行密植栽培株高65~70cm,有多小分支,白花,尖叶,棕色茸毛,荚熟褐色,籽粒圆形,种皮黄色,有光泽,种脐黄色,百粒重17~20g,接种鉴定中抗灰斑病。脂肪含量22.25%,蛋白质含量38.47%。

技术要点

5月上中旬播种,该品种不适宜常规垄作栽培(60~70cm垄距),须采用窄行密植栽培模式,公顷保苗40万~45万株。在一般栽培条件下,每公顷施磷酸二铵150~200kg、尿素25~30kg、钾肥30~50kg,生育期间根据长势情况适当追肥。

适宜地区

适宜黑龙江省第二积温带种植。

注意事项

大垄窄行密植(130cm大垄,垄上种植6行),小垄窄行密植(45cm垄距,双行),平作窄行密植(30~35cm行距,单行)。建议播种前对种子进行包衣处理。

图1-10 合农60

技术来源:黑龙江省农业科学院佳木斯分院
联 系 人:郭泰　　　　电话:13603691985

合农 72

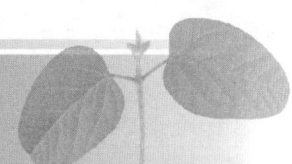

品种来源

黑龙江省农业科学院佳木斯分院选育。以合丰 50 为母本，垦丰 16 为父本，经有性杂交，系谱法选育而成。品种审定编号为黑审豆 2018021。

特征特性

出苗到成熟 115 天，需≥10℃活动积温 2300℃左右，高油品种。该品种为亚有限结荚习性，株高 96cm 左右，无分枝，紫花，尖叶，灰色茸毛，荚弯镰形，成熟时呈褐色，籽粒圆形，种皮黄色，有光泽，种脐黄色，百粒重 18g 左右，接种鉴定中抗灰斑病。脂肪含量 23.42%，蛋白质含量 36.38%。

技术要点

5 月上中旬播种，公顷保苗 30 万株左右。在一般栽培条件下，每公顷施磷酸二铵 100～150kg、尿素 25～30kg、钾肥 70～75kg。

适宜地区

适宜黑龙江省第二积温带种植。

注意事项

建议播种前对种子进行包衣处理。

图 1-11 合农 72

技术来源：黑龙江省农业科学院佳木斯分院
联 系 人：郭泰　　　　　　**电话**：13603691985

合农 74

品种来源

黑龙江省农业科学院佳木斯分院选育。以黑农 53 为母本，垦鉴豆 25 为父本，经有性杂交，系谱法选育而成。品种审定编号为黑审豆 20190005。

特征特性

出苗到成熟 120 天左右，需≥10℃活动积温 2450℃左右，高油品种。该品种为无限结荚习性，株高 101cm 左右，有分枝，紫花，尖叶，灰色茸毛，荚直形，成熟时呈褐色，籽粒圆形，种皮黄色，有光泽，种脐黄色，百粒重 20g 左右，接种鉴定中抗灰斑病。脂肪含量 22.23%，蛋白质含量 37.59%。

技术要点

5 月上旬播种，公顷保苗 25 万～30 万株。在一般栽培条件下，每公顷施磷酸二铵 150kg、尿素 30kg、钾肥 70kg。

适宜地区

适宜黑龙江省第二积温带上限和第一积温带种植。

注意事项

建议播种前对种子进行包衣处理。

图 1-12 合农 74

技术来源：黑龙江省农业科学院佳木斯分院
联 系 人：郭泰　　　　电话：13603691985

合农75

品种来源

黑龙江省农业科学院佳木斯分院选育。以合丰50为母本,抗线虫4号为父本,经有性杂交系谱法选育而成。品种审定编号为黑审豆2015004。

特征特性

出苗到成熟118天左右,需≥10℃活动积温2400℃左右,高油品种。该品种为亚有限结荚习性,株高86cm左右,有分枝,紫花,尖叶,灰色茸毛,荚弯镰形,成熟时呈褐色,籽粒圆形,种皮黄色,有光泽,种脐浅黄色,百粒重20g左右,接种鉴定中抗灰斑病。脂肪含量22.92%,蛋白质含量36.43%。

技术要点

5月上旬播种,公顷保苗25万~30万株。在一般栽培条件下,每公顷施磷酸二铵150kg、尿素30kg、钾肥70kg。

适宜地区

适宜黑龙江省第二积温带种植。

注意事项

建议播种前对种子进行包衣处理。

图1-13 合农75

技术来源:黑龙江省农业科学院佳木斯分院
联系人:郭泰　　　　**电话:**13603691985

合农76

品种来源

黑龙江省农业科学院佳木斯分院选育。以垦农19为母本,合丰57为父本,经有性杂交,系谱法选育而成。品种审定编号为黑审豆2015021。

特征特性

出苗到成熟125天左右,需≥10℃活动积温2350℃左右,耐密植、抗病品种。该品种为亚有限结荚习性,株高72cm左右,有分枝,紫花,尖叶,灰色茸毛,荚弯镰形,成熟时呈褐色,籽粒圆形,种皮黄色,有光泽,种脐浅黄色,百粒重20g左右,接种鉴定抗灰斑病。脂肪含量20.43%,蛋白质含量41.98%。

技术要点

5月上中旬播种,选择中上等肥力地块,采用垄作和窄行密植两种栽培方式,公顷保苗35万~40万株。在一般栽培条件下,每公顷施磷酸二铵150~200kg、尿素30~50kg、钾肥50~70kg。

适宜地区

适宜黑龙江省第二积温带种植。

注意事项

建议播种前对种子进行包衣处理。

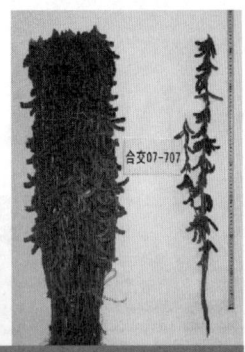

图1-14 合农76

技术来源:黑龙江省农业科学院佳木斯分院
联 系 人:郭泰　　　　电话:13603691985

合农 77

品种来源

黑龙江省农业科学院佳木斯分院选育。以合丰 50 为母本,合丰 42 为父本,经有性杂交,系谱法选育而成。品种审定编号为黑审豆 2018024。

特征特性

出苗到成熟 115 天,需≥10℃活动积温 2300℃左右,高油品种。该品种为亚有限结荚习性,株高 95cm 左右,有分枝,紫花,尖叶,灰色茸毛,荚弯镰形,成熟时呈褐色,籽粒圆形,种皮黄色,有光泽,种脐黄色,百粒重 20g 左右,接种鉴定中抗灰斑病。脂肪含量 24.13%,蛋白质含量 35.24%。

技术要点

5 月上中旬播种,公顷保苗 28 万~30 万株。在一般栽培条件下,每公顷施磷酸二铵 150kg、尿素 25kg、钾肥 75kg。

适宜地区

适宜黑龙江省第二积温带种植。

注意事项

建议播种前对种子进行包衣处理。

图 1-15　合农 77

技术来源:黑龙江省农业科学院佳木斯分院
联系人:郭泰　　**电话**:13603691985

合农 78

品种来源

黑龙江省农业科学院佳木斯分院选育。以黑农 43 为母本，(黑农 54×黑农 43) F1 为父本，经有性杂交，系谱法选育而成。品种审定编号为黑审豆 20190011。

特征特性

出苗到成熟 120 天，需≥10℃活动积温 2450℃左右，普通品种。该品种为亚有限结荚习性，株高 89cm 左右，有分枝，紫花，尖叶，灰色茸毛，荚弯镰形，成熟时呈褐色，籽粒圆形，种皮黄色，有光泽，种脐黄色，百粒重 22g 左右，接种鉴定中抗灰斑病。脂肪含量 20.42%，蛋白质含量 41.75%。

技术要点

5 月上中旬播种，公顷保苗 25 万～30 万株。在一般栽培条件下，每公顷施磷酸二铵 150kg、尿素 25kg、钾肥 75kg。

适宜地区

适宜黑龙江省第二积温带上限和第一积温带种植。

注意事项

建议播种前对种子进行包衣处理。

图 1-16 合农 78

技术来源：黑龙江省农业科学院佳木斯分院
联 系 人：郭泰　　　　　　电话：13603691985

合农 80

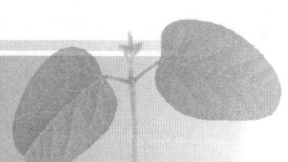

品种来源

黑龙江省农业科学院佳木斯分院选育。以合丰 50 为母本,绥农 26 为父本,经有性杂交,系谱法选育而成。品种审定编号为黑审豆 20190007。

特征特性

出苗到成熟 118 天,需 ≥10℃ 活动积温 2350℃ 左右,高油品种。该品种为亚有限结荚习性,株高 101cm 左右,有分枝,紫花,尖叶,灰色茸毛,荚弯镰形,成熟时呈褐色,籽粒圆形,种皮黄色,有光泽,种脐黄色,百粒重 19g 左右,接种鉴定中抗灰斑病。脂肪含量 22.33%,蛋白质含量 36.87%。

技术要点

5 月上中旬播种,公顷保苗 25 万～30 万株。在一般栽培条件下,每公顷施磷酸二铵 150kg、尿素 25kg、钾肥 50kg。

适宜地区

适宜黑龙江省第二积温带种植。

注意事项

建议播种前对种子进行包衣处理。

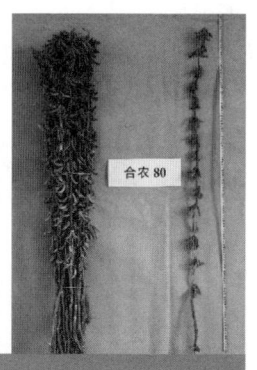

图 1-17 合农 80

技术来源:黑龙江省农业科学院佳木斯分院
联 系 人:郭泰　　　　电话:13603691985

合农 85

品种来源

黑龙江省农业科学院佳木斯分院选育。以合丰 55 为母本，黑农 54 为父本，经有性杂交，系谱法选育而成。品种审定编号为国审豆 2018009。

特征特性

出苗到成熟 118 天，需 ≥ 10℃ 活动积温 2400℃ 左右，高油品种。该品种为亚有限结荚习性，株高 84cm 左右，无分枝，紫花，尖叶，灰色茸毛，荚弯镰形，成熟时呈褐色，籽粒圆形，种皮黄色，有光泽，种脐黄色，百粒重 22g 左右，接种鉴定中抗灰斑病。脂肪含量 22.60%，蛋白质含量 38.40%。

技术要点

5 月上中旬播种，公顷保苗 25 万～30 万株。在一般栽培条件下，每公顷施磷酸二铵 100～150kg、尿素 25～30kg、钾肥 70～75kg。

适宜地区

适宜黑龙江省第二积温带种植。

注意事项

建议播种前对种子进行包衣处理。

图 1-18 合农 85

技术来源：黑龙江省农业科学院佳木斯分院
联 系 人：郭泰　　　　电话：13603691985

合农 95

品种来源

黑龙江省农业科学院佳木斯分院选育。以绥农 14 为母本,黑河 38 为父本,经有性杂交,系谱法选育而成。品种审定编号为国审豆 2016001。

特征特性

出苗到成熟 113 天,生育期比克山 1 号早 3 天。该品种为亚有限结荚习性,株高 74cm 左右,有分枝,紫花,尖叶,灰色茸毛,荚弯镰形,成熟时呈褐色,籽粒圆形,种皮黄色,有光泽,种脐黄色,百粒重 19g 左右。接种鉴定,花叶病毒病 1 号株系,病级:中感;花叶病毒病 3 号株系,病级:中感。灰斑病,病级:中抗。脂肪含量 18.76%,蛋白质含量 41.39%。

图 1-19　合农 95

技术要点

5 月上中旬播种,公顷保苗 30 万~38 万株。在一般栽培条件下,每公顷施磷酸二铵 150kg、尿素 25kg、钾肥 50kg。

适宜地区

适宜黑龙江省第三积温带下限和第四积温带、吉林省东部山区、内蒙古呼盟地区和新疆北部春播种植。

注意事项

建议播种前对种子进行包衣处理。

技术来源:黑龙江省农业科学院佳木斯分院
联　系　人:郭泰　　　　　电话:13603691985

合农 113

品种来源

黑龙江省农业科学院佳木斯分院选育。以日本小粒豆为母本,合交 98-1062 为父本,经有性杂交,系谱法选育而成。品种审定编号为黑审豆 20190041。

特征特性

出苗到成熟 120 天,需≥10℃活动积温 2450℃左右,特种品种(小粒品种)。该品种为有限结荚习性,株高 69cm 左右,有分枝,紫花,尖叶,灰色茸毛,荚弯镰形,成熟时呈褐色,籽粒圆形,种皮黄色,有光泽,种脐黄色,百粒重 12g 左右,接种鉴定中抗灰斑病。脂肪含量 19.51%,蛋白质含量 40.50%。

技术要点

5 月上中旬播种,公顷保苗 30 万~35 万株。在一般栽培条件下,每公顷施磷酸二铵 150kg、尿素 25kg、钾肥 50kg。

适宜地区

适宜黑龙江省第二积温带上限和第一积温带种植。

注意事项

建议播种前对种子进行包衣处理。

图 1-20 合农 113

技术来源:黑龙江省农业科学院佳木斯分院

联系人:郭泰　　　　电话:13603691985

合农114

品种来源

黑龙江省农业科学院佳木斯分院选育。以黑农51为母本，合丰50为父本，经有性杂交，系谱法选育而成。品种审定编号为国审豆20180011。

特征特性

北方春大豆中早熟品种出苗到成熟117天，比合交02-69早2天。该品种为亚有限结荚习性，株高83cm左右，有分枝，紫花，尖叶，灰毛，荚弯镰形，成熟时呈褐色，籽粒圆形，种皮黄色、微光，有光泽，种脐黄色，百粒重19g左右，接种鉴定，抗花叶病毒病1号株系，中感花叶病毒病3号株系，中抗灰斑病。脂肪含量21.24%，蛋白质含量38.13%。

技术要点

5月上中旬播种，公顷保苗24万～33万株。在一般栽培条件下，每公顷施磷酸二铵150kg、尿素25kg、钾肥50kg。

图1-21　合农114

适宜地区

适宜黑龙江省第二积温带和第三积温带上限、吉林省东部山区、内蒙古兴安盟中南部、新疆昌吉地区春播种植。

注意事项

建议播种前对种子进行包衣处理。

技术来源：黑龙江省农业科学院佳木斯分院
联系人：郭泰　　　　电话：13603691985

合农 135

品种来源

黑龙江省农业科学院佳木斯分院选育。以合农 69 为母本，绥农 14 为父本，经有性杂交，系谱法选育而成。品种审定编号为黑审豆 20190056。

特征特性

出苗到成熟 118 天，需 ≥10℃ 活动积温 2350℃ 左右，特种大种（小粒品种）。该品种为亚有限结荚习性，株高 76cm 左右，有分枝，白花，尖叶，灰色茸毛，荚弯镰形，成熟时呈褐色，籽粒圆形，种皮黄色，有光泽，种脐黄色，百粒重 14g 左右，接种鉴定中抗灰斑病。脂肪含量 21.05%，蛋白质含量 38.45%。

技术要点

5 月上中旬播种，公顷保苗 30 万～35 万株。在一般栽培条件下，每公顷施磷酸二铵 200kg、尿素 30kg、钾肥 75kg。

适宜地区

适宜黑龙江省第二积温带种植。

注意事项

建议播种前对种子进行包衣处理。

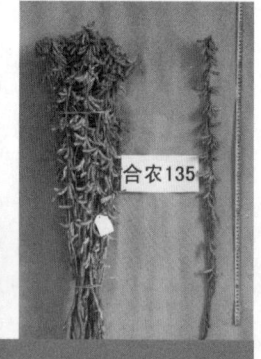

图 1-22 合农 135

技术来源：黑龙江省农业科学院佳木斯分院
联 系 人：郭泰　　　　　电话：13603691985

佳豆6

品种来源

黑龙江省农业科学院佳木斯分院选育。以黑河38为母本,合丰50为父本,经有性杂交,系谱法选育而成。品种审定编号为黑审豆20190022。

特征特性

出苗到成熟115天,需≥10℃活动积温2300℃左右,高油品种。该品种为亚有限结荚习性,株高87cm左右,有分枝,紫花,尖叶,灰色茸毛,荚弯镰形,成熟时呈褐色,籽粒圆形,种皮黄色,有光泽,种脐黄色,百粒重18g左右,接种鉴定中抗灰斑病。脂肪含量22.79%,蛋白质含量36.71%。

技术要点

5月上中旬播种,公顷保苗30万株左右。在一般栽培条件下,每公顷施磷酸二铵150kg、尿素30kg、钾肥75kg。

适宜地区

适宜黑龙江省第三积温带上限和第二积温带种植。

注意事项

建议播种前对种子进行包衣处理。

图1-23 佳豆6

技术来源:黑龙江省农业科学院佳木斯分院
联系人:郭泰 电话:13603691985

佳豆 8

品种来源

黑龙江省农业科学院佳木斯分院选育。以黑河 38 为母本，合交 03－214 为父本，经有性杂交，系谱法选育而成。品种审定编号为黑审豆 20190026。

特征特性

出苗到成熟 110 天，需≥10℃活动积温 2150℃左右，高油品种。该品种为亚有限结荚习性，株高 89cm 左右，有分枝，白花，尖叶，灰色茸毛，荚弯镰形，成熟时呈褐色，籽粒圆形，种皮黄色，有光泽，种脐黄色，百粒重 20g 左右，接种鉴定中抗灰斑病。脂肪含量 22.42%，蛋白质含量 38.53%。

技术要点

5 月上中旬播种，公顷保苗 30 万株左右。在一般栽培条件下，每公顷施磷酸二铵 200kg、尿素 25kg、钾肥 75kg。

适宜地区

适宜黑龙江省第四积温带上限和第三积温带种植。

注意事项

建议播种前对种子进行包衣处理。

图 1－24　佳豆 8

技术来源：黑龙江省农业科学院佳木斯分院

联系人：郭泰　　　　电话：13603691985

佳密豆6

品种来源

黑龙江省农业科学院佳木斯分院选育。以合农60为母本，垦丰16为父本，经有性杂交，系谱法选育而成。品种审定编号为黑审豆2016019。

特征特性

出苗到成熟114天，需≥10℃活动积温2320℃左右，耐密植、高油品种。该品种为有限结荚习性，株高72cm左右，有分枝，白花，尖叶，灰色茸毛，荚弯镰形，成熟时呈浅褐色，籽粒圆形，种皮黄色，有光泽，种脐黄色，百粒重18g左右，接种鉴定中抗灰斑病。脂肪含量20.9%，蛋白质含量40.8%。

技术要点

5月上中旬播种，采用窄行密植栽培方式，即大垄窄行密植（130cm种6行）、小垄窄行密植（45cm种2行）和平作窄行密植（19～30cm行距，单行），公顷保苗40万～45万株。在一般栽培条件下，每公顷施磷酸二铵150～200kg、尿素30～50kg、钾肥50～70kg。

适宜地区

适宜黑龙江省第二积温带种植。

注意事项

建议播种前对种子进行包衣处理。

图1-25 佳密豆6

技术来源：黑龙江省农业科学院佳木斯分院
联 系 人：张敬涛　　　　电话：13069768708

佳密豆 8

品种来源

黑龙江省农业科学院佳木斯分院选育。以合农 60 为母本，合丰 35 为父本，经有性杂交，系谱法选育而成。品种审定编号为黑审豆 20190052。

特征特性

出苗到成熟 118 天，需 ≥10℃ 活动积温 2350℃ 左右，特种品种（耐密植品种）。该品种为有限结荚习性，株高 76cm 左右，有分枝，紫花，尖叶，棕色茸毛，荚弯镰形，成熟时呈棕褐色，籽粒椭圆形，种皮黄色，有光泽，种脐黄色，百粒重 19g 左右，接种鉴定中抗灰斑病。脂肪含量 20.22%，蛋白质含量 39.57%。

技术要点

5 月上中旬播种，采用窄行密植栽培方式，即大垄窄行密植（130cm 种 6 行或 110cm 种 3～4 行）、小垄窄行密植（45cm 种 2 行）和平作窄行密植（15～38cm 行距，单行），公顷保苗 40 万～45 万株。在一般栽培条件下，每公顷施磷酸二铵 190kg、控释尿素 55kg、钾肥 60kg。

适宜地区

适宜黑龙江省第二积温带种植。

注意事项

建议播种前对种子进行包衣处理。

图 1-26　佳密豆 8

技术来源：黑龙江省农业科学院佳木斯分院
联 系 人：张敬涛　　　　电话：13069768708

佳密豆9

品种来源

黑龙江省农业科学院佳木斯分院选育。以哈北46-1为母本，Apex为父本，经有性杂交，系谱法选育而成。品种审定编号为黑审豆20200064。

特征特性

出苗到成熟118天，需≥10℃活动积温2350℃左右，特种品种（耐密植品种）。该品种为有限结荚习性，株高80cm左右，有分枝，白花，圆叶，灰色茸毛，荚弯镰形，成熟时呈褐色，籽粒椭圆形，种皮黄色，有光泽，种脐黄色，百粒重20g左右，接种鉴定中抗灰斑病。脂肪含量19.83%，蛋白质含量42.98%。

技术要点

5月上中旬播种，采用窄行密植栽培方式，公顷保苗35万～40万株。在一般栽培条件下，每公顷施磷酸二铵140～180kg、控释尿素30～50kg、钾肥45～65kg，生育期间追施叶面肥1～2次。

适宜地区

适宜黑龙江省第二积温带种植。

注意事项

建议播种前对种子进行包衣处理。

图1-27 佳密豆9

技术来源：黑龙江省农业科学院佳木斯分院
联 系 人：张敬涛　　　　**电话**：13069768708

东生 77

品种来源

中国科学院东北地理与农业生态研究所与黑龙江省农业科学院牡丹江分院以（黑农 48×垦鉴 35）的 F1 为母本，垦鉴 35 为父本，系谱法选育而成。品种审定编号为黑审豆 2015012。

特征特性

在适应区出苗至成熟生育日数 119 天左右，需≥10℃活动积温 2400℃左右。高油品种。该品种为亚有限结荚习性。株高 90cm 左右，有分枝，紫花，尖叶，灰色茸毛，荚弯镰形，成熟时呈褐色。种子圆形，种皮黄色，种脐黄色，有光泽，百粒重 21g 左右。接种鉴定中抗灰斑病。蛋白质含量 40.36％，脂肪含量 21.45％。

技术要点

在适应区 5 月上旬播种，选择中等肥力地块种植，采用垄三栽培方式，公顷保苗 25 万株左右。采用精量播种机垄底侧深施肥的方法，施肥量为每公顷磷酸二铵 150kg、尿素 45kg、钾肥 50kg。

适宜地区

适宜黑龙江省第二积温带种植。

注意事项

注意及时防治蚜虫和食心虫。

图 1-28 东生 77

技术来源：黑龙江省农业科学院牡丹江分院
联 系 人：王燕平　　　　　　电话：15046393751

东生 78

品种来源

中国科学院东北地理与农业生态研究所与黑龙江省农业科学院牡丹江分院以黑农 48 为母本，黑河 46 为父本，经有性杂交，系谱法选育而成。品种审定编号为黑审豆 2017012。

特征特性

在适应区出苗至成熟生育日数 117 天左右，需≥10℃活动积温 2340℃左右。高油品种。该品种为亚有限结荚习性。株高 91cm 左右，无分枝，紫花，尖叶，灰色茸毛，荚弯镰形，成熟时呈褐色。种子圆形，种皮黄色，种脐黄色，有光泽，百粒重 21g 左右。接种鉴定中抗灰斑病。蛋白质含量 40.25%，脂肪含量 21.22%。

技术要点

在适应区 5 月上旬播种，采用垄三栽培方式，公顷保苗 25 万株左右。采用精量播种机垄底侧深施肥的方法，施肥量为每公顷磷酸二铵 150kg、尿素 45kg、钾肥 50kg。

适宜地区

适宜黑龙江省第二积温带种植。

注意事项

注意及时防治蚜虫和食心虫。

图 1-29　东生 78

技术来源：黑龙江省农业科学院牡丹江分院

联系人：王燕平　　**电话**：15046393751

东生79

品种来源

中国科学院东北地理与农业生态研究所与黑龙江省农业科学院牡丹江分院以哈04-1824为母本，绥02-282为父本，经系谱法选育而成。品种审定编号为黑审豆2018013。

特征特性

在适应区出苗至成熟生育日数118天左右，需≥10℃活动积温2350℃左右。高油品种。该品种为亚有限结荚习性。株高101cm左右，有分枝，白花，尖叶，灰色茸毛，荚弯镰形，成熟时呈褐色。种皮黄色，种脐黄色，有光泽，百粒重19g左右。接种鉴定中抗灰斑病。蛋白质含量36.33%，平均脂肪含量24.16%。

技术要点

在适应区5月上旬播种，采用垄三栽培方式，公顷保苗25万株左右。一般栽培条件下每公顷施磷酸二铵150kg、尿素45kg、钾肥50kg。

适宜地区

适宜黑龙江省第二积温带种植。

注意事项

注意及时防治蚜虫和食心虫。

图1-30 东生79

技术来源：黑龙江省农业科学院牡丹江分院
联 系 人：王燕平　　　　　　**电话**：15046393751

东生 83

品种来源

中国科学院东北地理与农业生态研究所与黑龙江省农业科学院牡丹江分院以东农53为母本,{黑农51×[(黑农48×黑农40)×黑农48]}F1为父本,经多亲本聚合杂交,系谱法选育而成。品种审定编号为黑审豆20200027。

特征特性

在适应区出苗至成熟生育日数120天左右,需≥10℃活动积温2400℃左右。该品种为无限结荚习性。株高104cm左右,有分枝,白花,尖叶,灰色茸毛,荚弯镰形,成熟时呈黄褐色。种子圆形,种皮黄色,种脐黄色,有光泽,百粒重21g左右。接种鉴定中抗灰斑病。蛋白质含量40.81%,脂肪含量20.07%。

技术要点

在适应区5月上旬播种,采用垄三栽培方式,公顷保苗26万~28万株。一般栽培条件下每公顷施种肥磷酸二铵150kg、尿素45kg、钾肥50kg。

适宜地区

适宜黑龙江省第二积温带中部地区种植。

注意事项

注意及时防治蚜虫和食心虫。

图 1-31　东生83

技术来源:黑龙江省农业科学院牡丹江分院
联系人:王燕平　　　　**电话**:15046393751

牡试 2

品种来源

南京农业大学与黑龙江省农业科学院牡丹江分院以哈北46-1为母本,东生4805为父本,经有性杂交,系谱法选育而成。品种审定编号为黑审豆2018009。

特征特性

在适应区出苗至成熟生育日数120天左右,需≥10℃活动积温2450℃左右。高油品种。该品种为无限结荚习性。株高106cm左右,有分枝,白花,尖叶,灰色茸毛,荚弯镰形,成熟时呈褐色。籽粒圆形,种皮黄色,种脐黄色,有光泽,百粒重22g左右。接种鉴定中抗灰斑病。蛋白质含量38.17%,脂肪含量21.83%。

技术要点

该品种在适应区5月上旬播种,采用垄三栽培方式,公顷保苗25万株左右。一般栽培条件下每公顷磷酸二铵150kg、尿素45kg、钾肥50kg。

适宜地区

适宜黑龙江省第二积温带中南部区种植。

注意事项

注意及时防治蚜虫和食心虫。

图1-32 牡试2

技术来源:黑龙江省农业科学院牡丹江分院
联 系 人:王燕平　　　　**电话**:15046393751

牡豆9

品种来源

黑龙江省农业科学院牡丹江分院以（黑农48×绥04-5474）的F1为母本，黑农48为父本，经有性杂交，系谱法选育而成。品种审定编号为黑审豆2015006。

特征特性

出苗至成熟116天，需≥10℃活动积温2330℃左右，高油品种。该品种为亚有限结荚习性，株高81cm左右，有分枝，紫花，尖叶，灰色茸毛。荚弯镰形，成熟时呈褐色。种子圆形，种皮黄色、有光泽，种脐黄色，百粒重20g左右。接种鉴定中抗灰斑病。蛋白质含量40.70%，脂肪含量21.23%。

技术要点

5月上旬播种，公顷保苗25万株左右，采用精量播种机垄底侧深施肥的方法，施肥量为每公顷磷酸二铵150kg、尿素45kg、钾肥50kg。

适宜地区

适宜黑龙江省第二积温带种植。

注意事项

注意及时防治蚜虫和食心虫。

图1-33 牡豆9

技术来源：黑龙江省农业科学院牡丹江分院
联系人：王燕平　　　　**电话**：15046393751

牡豆10

品种来源

黑龙江省农业科学院牡丹江分院以黑农48为母本,黑河46为父本,经有性杂交,系谱法选育而成。品种审定编号为黑审豆2016004。

特征特性

出苗至成熟116天,需≥10℃活动积温2325℃左右,高油品种。该品种为亚有限结荚习性,株高90cm左右,有分枝,紫花,尖叶,灰色茸毛。荚弯镰形,成熟时呈褐色。种子圆形,种皮黄色,有光泽,种脐黄色,百粒重21g左右。接种鉴定中抗灰斑病。蛋白质含量40.24%,脂肪含量21.35%。

技术要点

5月上旬播种,公顷保苗25万株左右,采用精量播种机垄底侧深施肥的方法,施肥量为每公顷磷酸二铵150kg、尿素45kg、钾肥50kg。

适宜地区

适宜黑龙江省第二积温带种植。

注意事项

注意及时防治蚜虫和食心虫。

图1-34 牡豆10

技术来源:黑龙江省农业科学院牡丹江分院
联系人:王燕平　　　　　　电话:15046393751

牡豆11

品种来源

黑龙江省农业科学院牡丹江分院以黑农51为母本,绥农31为父本,经有性杂交,系谱法选育而成。品种审定编号为黑审豆20190019。

特征特性

出苗至成熟115天,需≥10℃活动积温2300℃左右,该品种为亚有限结荚习性,株高90cm左右,有分枝,白花,尖叶,灰色茸毛。荚弯镰形,成熟时呈黄褐色。籽粒圆形,种皮黄色,有光泽,种脐黄色,百粒重21g左右。接种鉴定中抗灰斑病。蛋白质含量38.51%,粗脂肪含量21.40%。

技术要点

5月上旬播种,公顷保苗28万~30万株。一般栽培条件下每公顷施基肥磷酸二铵115kg、尿素35kg、钾肥40kg;施种肥磷酸二铵35kg、尿素10kg、钾肥10kg;初花期追施氮肥45kg。

适宜地区

适宜黑龙江省第二积温带种植。

注意事项

注意贫瘠地块稀植慎用。

图1-35 牡豆11

技术来源:黑龙江省农业科学院牡丹江分院
联 系 人:王燕平   电话:15046393751

牡豆15

品种来源

黑龙江省农业科学院牡丹江分院以黑农48为母本,龙品8807为父本,经有性杂交,系谱法选育而成。品种审定编号为黑审豆20190016。

特征特性

出苗至成熟120天左右,需≥10℃活动积温2450℃左右,高蛋白大豆品种。该品种为亚有限结荚习性,株高95cm左右,有分枝,紫花,尖叶,灰色茸毛。荚弯镰形,成熟时呈褐色。籽粒圆形,种皮黄色,有光泽,种脐黄色,百粒重20g左右。接种鉴定中抗灰斑病。蛋白质含量45.08%,脂肪含量17.50%。

技术要点

5月上旬播种,公顷保苗24万~25万株。一般栽培条件下每公顷施基肥磷酸二铵115kg、尿素35kg、钾肥40kg;施种肥磷酸二铵35kg、尿素10kg、钾肥10kg;初花期追施氮肥45kg。

适宜地区

适宜黑龙江省第二积温带种植。

注意事项

高密度栽培慎用。

图1-36 牡豆15

技术来源:黑龙江省农业科学院牡丹江分院
联系人:王燕平　　电话:15046393751

牡试 6

品种来源

南京农业大学、黑龙江省农业科学院牡丹江分院合作以黑农48为母本，龙品8807为父本，经有性杂交，系谱法选育而成。品种审定编号为黑审豆20200012。

特征特性

出苗至成熟120天，需≥10℃活动积温2400℃左右，高蛋白大豆品种。该品种为亚有限结荚习性，株高95cm左右，有分枝，紫花，尖叶，灰色茸毛。荚弯镰形，成熟时呈褐色。种子圆形，种皮黄色、有光泽，种脐黄色，百粒重20g左右。接种鉴定中抗灰斑病。蛋白质含量45.99%，粗脂肪含量17.64%。

技术要点

5月上旬播种，公顷保苗24万～25万株。一般栽培条件下，基肥每公顷施磷酸二铵115kg、尿素25kg、钾肥40kg；施种肥磷酸二铵35kg、尿素10kg、钾肥10kg；开花结荚期公顷追施氮肥45kg。

适宜地区

适宜黑龙江省第二积温带南部区种植。

图1-37 牡试6

技术来源：黑龙江省农业科学院牡丹江分院
联 系 人：王燕平　　　　**电话**：15046393751

垦丰 16

品种来源

黑龙江省农垦科学院农作物开发研究所,以黑农 34 号为母本,垦农 5 号为父本经有性杂交,系谱法选育而成。品种审定编号为黑审豆 2006015、黑垦审豆 2002007(垦鉴豆 23)。2018 年通过吉林省引种备案登记。

特征特性

出苗至成熟 120 天左右,需≥10℃活动积温 2450℃。该品种为亚有限结荚习性,寡分枝类型,株高 65cm 左右。尖叶、白花、灰茸毛。三、四粒荚较多,荚褐色,呈弯镰形。籽粒圆形,种皮黄色,有光泽,种脐黄色,百粒重 18g 左右。接种鉴定抗灰斑病。蛋白质含量 40.50%,脂肪含量 19.57%。

技术要点

一般 5 月上旬播种,宜选择中等以上肥力地块种植。公顷保苗:垄作种植 25 万~32 万株;大垄密或小垄密种植 38 万~42 万株;30cm 平播种植 45 万株。土壤肥沃宜稀植,土壤瘠薄宜密植。一般每公顷施磷酸二铵 175kg、尿素 40kg、钾肥 50kg,密植栽培应增加 10%~20%施肥量。于开花期至鼓粒期喷施大豆专用叶面肥 2~3 遍。

适宜地区

适宜黑龙江省第二积温带种植。

注意事项

在干旱年要注意防治大豆蚜虫。

图 1-38 垦丰 16

技术来源:黑龙江省农垦科学院农作物开发研究所
联 系 人:王德亮　　　**电话:**0454-8359184　　13069939519

垦丰17

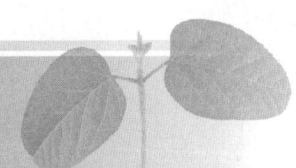

品种来源

黑龙江省农垦科学院农作物开发研究所,以北丰8号为母本,长农5号为父本有性杂交,采用系谱法选育而成。品种审定编号为黑审豆2007015。2018年通过吉林省引种备案登记。

特征特性

出苗至成熟115天左右,需≥10℃活动积温2350℃左右。该品种为亚有限结荚习性,株高90cm左右。无分枝,紫花,尖叶,灰色茸毛。荚弯镰形,成熟时呈褐色。籽粒圆形,种皮黄色,有光泽,种脐黄色,百粒重20g左右。接种鉴定中抗灰斑病。蛋白质含量38.87%,脂肪含量21.23%。

技术要点

在适宜区5月上中旬播种,对土壤肥力要求不严,一般瘠薄地公顷保苗30万株、中等肥力地28万株、肥沃地25万株。每公顷施磷酸二铵150kg、钾肥50kg、尿素40~50kg。于开花期至鼓粒期喷施大豆专用叶面肥2遍以上。

适宜地区

适宜黑龙江省第二积温带种植。

注意事项

在适宜种植地区不超过5月22日播种。

图1-39 垦丰17

技术来源:黑龙江省农垦科学院农作物开发研究所
联 系 人:王德亮　　　　电话:0454-8359184　13069939519

垦豆 43

品种来源

北大荒垦丰种业股份有限公司和黑龙江省农垦科学院农作物开发研究所合作，以垦 97-151 为母本，垦豆 18 为父本经有性杂交，系谱法选育而成。品种审定编号为国审豆 2015001、黑审豆 2015011。

特征特性

出苗至成熟 115 天左右，需≥10℃活动积温 2350℃左右。高油品种。该品种为无限结荚习性，株高 95cm。紫花，尖叶，灰色茸毛。荚弯镰形，成熟时呈褐色。籽粒圆形，种皮淡黄色，种脐黄色，百粒重 23g。接种鉴定中抗灰斑病。蛋白质含量 38.83%、脂肪含量 21.16%。

技术要点

在适宜区 5 月上中旬播种，对土壤肥力要求不严，采用垄三栽培方式种植，公顷保苗：高肥力地块 25 万株、中等肥力地块 30 万株，低肥力地块 33 万株。一般每公顷施磷酸二铵 150~175kg，钾肥 50~75kg，尿素 40~50kg，肥沃地用下限、瘠薄地用上限。

适宜地区

适宜黑龙江省第二积温带及吉林省东部半山区、内蒙古兴安盟中南部和新疆新源地区春播种植。

注意事项

大豆花叶病毒病重发区慎用。

图 1-40　垦豆 43

技术来源：黑龙江省农垦科学院农作物开发研究所
联 系 人：王德亮　　　电话：0454-8359184　13069939519

垦豆94

品种来源

北大荒垦丰种业股份有限公司和黑龙江省农垦科学院农作物开发研究所合作,以垦丰20为母本,垦丰19为父本经有性杂交,系谱法选育而成。品种审定编号为黑审豆2018012。

特征特性

出苗至成熟118天左右,需≥10℃活动积温2350℃左右,普通型品种。该品种为亚有限结荚习性,株高85cm左右,无分枝,白花,尖叶,棕色茸毛,荚弯镰形,成熟时呈棕褐色。种子圆形,种皮黄色,种脐黄色,有光泽,百粒重20g左右。接种鉴定中抗灰斑病。蛋白质含量40.64%、脂肪含量19.74%。

技术要点

在适应区5月上中旬播种,选择中等肥力以上地块种植,采用垄三栽培方式,公顷保苗28万~30万株。一般每公顷施磷酸二铵150kg、钾肥50kg、尿素50kg。

适宜地区

适宜黑龙江省第二积温带种植。

注意事项

生育期间注意防治大豆细菌性斑点病,在肥沃地种植不宜过密,在瘠薄地种植宜加大密度。

图1-41 垦豆94

技术来源: 黑龙江省农垦科学院农作物开发研究所
联系人: 王德亮　　　　**电话:** 0454-8359184　　13069939519

垦豆95

品种来源

北大荒垦丰种业股份有限公司和黑龙江省农垦科学院农作物开发研究所合作，以垦02-728为母本，垦豆18为父本经有性杂交，系谱法选育而成。品种审定编号为黑审豆2018020。

特征特性

出苗至成熟生育日数115天左右，需≥10℃活动积温2300℃左右，高油、抗病品种。该品种为无限结荚习性，株高100cm左右，有分枝，紫花，尖叶，灰色茸毛，荚弯镰形，成熟时呈黄褐色。种子圆形，种皮淡黄色，种脐黄色，有光泽，百粒重20g左右。接种鉴定抗灰斑病。蛋白质含量38.61%、脂肪含量21.36%。

技术要点

在适应区5月上中旬播种，对土壤肥力要求不严，宜采用垄三栽培方式种植，公顷保苗30万株左右。一般每公顷施磷酸二铵150kg、钾肥40～50kg、尿素30～40kg。

适宜地区

适宜黑龙江省第二积温带种植。

注意事项

根据土壤肥力状况确定播种密度，在低洼易涝地种植要注意防治大豆根腐病。

图1-42 垦豆95

技术来源：黑龙江省农垦科学院农作物开发研究所
联 系 人：王德亮　　　　电话：0454-8359184　13069939519

垦科豆 13

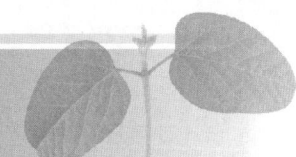

品种来源

北大荒垦丰种业股份有限公司和黑龙江省农垦科学院农作物开发研究所合作，以垦 95-3436 为母本，合交 03-96 为父本经有性杂交，系谱法选育而成。品种审定编号为黑审豆 20200022。

特征特性

出苗至成熟 120 天左右，需≥10℃ 活动积温 2400℃ 左右，普通品种。该品种为亚有限结荚习性，株高 84cm 左右。无分枝，白花，尖叶，灰色茸毛，荚弯镰形，成熟时呈黄褐色。种子圆形，种皮黄色，种脐黄色，无光泽，百粒重 20g 左右。接种鉴定中抗灰斑病。蛋白质含量 41.30%，脂肪含量 19.58%。

技术要点

在适应区 5 月上中旬播种，采用垄三栽培种植方式，公顷保苗 25 万～28 万株，采用密植栽培种植方式公顷保苗 30 万～33 万株。每公顷基肥施磷酸二铵 100kg、钾肥 34kg，种肥施磷酸二铵 50kg、尿素 13kg、钾肥 16kg，开花结荚期追施尿素 27kg。采用密植栽培增加 10% 的施肥量。

适宜地区

适宜黑龙江省第二积温带中部区种植。

注意事项

在干旱年要注意防治大豆蚜虫。

图 1-43　垦科豆 13

技术来源：黑龙江省农垦科学院农作物开发研究所
联 系 人：王德亮　　　　电话：0454-8359184　　13069939519

垦科豆 28

品种来源

北大荒垦丰种业股份有限公司和黑龙江省农垦科学院农作物开发研究所合作,以垦 06-309 为母本,牡 05-105 为父本经有性杂交,系谱法选育而成。品种审定编号为黑审豆 20200039。

特征特性

出苗至成熟 116 天左右,需≥10℃活动积温 2300℃左右,属抗病品种。该品种为无限结荚习性。株高 103cm 左右,有分枝,紫花,尖叶,灰色茸毛,荚弯镰形,成熟时呈黄褐色。种子圆形,种皮黄色,种脐黄色,有光泽,百粒重 20g 左右。接种鉴定抗灰斑病。蛋白质含量 43.69%,脂肪含量 18.42%。

技术要点

在适应区 5 月上旬播种,对土壤肥力要求不严,采用垄三栽培方式种植,公顷保苗 22 万~28 万株。一般栽培条件下,每公顷基肥施磷酸二铵 100kg、钾肥 34kg,种肥施磷酸二铵 50kg、尿素 10kg、钾肥 16kg,开花结荚期追施尿素肥 20kg。

适宜地区

适宜黑龙江省第三积温带东部区种植。

注意事项

不适宜密植,植株徒长可采用化控技术。

图 1-44 垦科豆 28

技术来源:黑龙江省农垦科学院农作物开发研究所
联 系 人:王德亮　　　　电话:0454-8359184　13069939519

松嫩平原北部大豆主栽品种

绥农 26

品种来源

黑龙江省农业科学院绥化分院以绥农 15 为母本，以绥 96-810291 为父本，经有性杂交，系谱法选育而成。品种审定编号为黑审豆 2008013。

特征特性

出苗至成熟生育日数 120 天左右，需≥10℃活动积温 2400℃左右。该品种为无限结荚习性。株高 100cm 左右，有分枝，紫花，尖叶，灰色茸毛，荚微弯镰形，成熟时呈褐色。种子圆球形，种皮黄色，种脐浅黄色，无光泽，百粒重 21g 左右。接种鉴定中抗灰斑病。蛋白质含量 38.80%，脂肪含量 21.59%。

技术要点

5 月上旬播种，采用垄作栽培方式，公顷保苗 24 万株左右。采用精量点播机垄底侧深施肥方法，施大豆复合肥 240kg 左右。

适宜地区

适宜黑龙江省第二积温带种植。

注意事项

注意防治病虫害。

图 1-45 绥农 26

技术来源：黑龙江省农业科学院绥化分院
联系人：付亚书　　　电话：0455-8399581

绥农 29

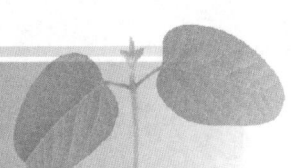

品种来源

黑龙江省农业科学院绥化分院以绥农10为母本，以绥农14为父本，经有性杂交，系谱法选育而成。品种审定编号黑审豆2009008。

特征特性

出苗至成熟生育日数120天左右，需≥10℃活动积温2400℃左右。该品种为无限结荚习性。株高100cm左右，有分枝，白花，尖叶，灰色茸毛，荚弯镰形，成熟时呈褐色。种子圆形，种皮黄色，种脐浅黄色，无光泽，百粒重21g左右。接种鉴定中抗灰斑病。蛋白质含量41.92%，脂肪含量21.28%。

技术要点

5月上旬播种，采用垄作栽培方式，公顷保苗24万株左右。采用精量点播机垄底侧深施肥方法，每公顷施磷酸二铵135kg、尿素45kg、钾肥60kg。

适宜地区

适宜黑龙江省第二积温带种植。

注意事项

注意防治病虫害。

图1-46 绥农29

技术来源：黑龙江省农业科学院绥化分院
联 系 人：景玉良　　　　电话：0455-8398739

绥农35

品种来源

黑龙江省农业科学院绥化分院以绥农10为母本,绥02-315为父本,经有性杂交,系谱法选育而成。品种审定编号为黑审豆2012015。

特征特性

出苗至成熟生育日数120天左右,需≥10℃活动积温2450℃左右。该品种为无限结荚习性。株高90cm左右,有分枝,白花,长叶,灰色茸毛,荚微弯镰形,成熟时呈褐色。种子圆形,种皮黄色,种脐浅黄色,无光泽,百粒重22g左右。接种鉴定中抗灰斑病。蛋白质含量39.42%,脂肪含量21.77%。

技术要点

5月上旬播种,采用垄作栽培方式,公顷保苗24万株左右。采用精量点播机垄底侧深施肥方法,每公顷施磷酸二铵135kg、尿素45kg、钾肥60kg。

适宜地区

适宜黑龙江省第二积温带种植。

注意事项

注意防治病虫害。

图1-47 绥农35

技术来源:黑龙江省农业科学院绥化分院

联 系 人:付亚书　　　　电话:0455-8399581

绥农36

品种来源

黑龙江省农业科学院绥化分院以绥农28为母本,黑农44为父本,经有性杂交,系谱法选育而成。品种审定编号为黑审豆2014009。

特征特性

出苗至成熟生育日数115天左右,需≥10℃活动积温2350℃左右。高油品种。该品种为亚有限结荚习性。株高90cm左右,无分枝,白花,圆叶,灰色茸毛,荚弯镰形,成熟时呈褐色。种子圆形,种皮黄色,种脐黄色,有光泽,百粒重19g左右。接种鉴定中抗灰斑病。蛋白质含量37.09%,脂肪含量22.12%。

技术要点

5月上旬播种,采用垄作栽培方式,公顷保苗24万株左右。一般栽培条件下公顷施磷酸二铵135kg、尿素20kg、钾肥45kg。

适宜地区

适宜黑龙江省第二积温带种植。

注意事项

注意防治病虫害。

图1-48 绥农36

技术来源:黑龙江省农业科学院绥化分院

联 系 人:付亚书　　　电话:0455-8399581

绥农 49

品种来源

黑龙江省农业科学院绥化分院选育以绥08-5509为母本,绥10-7500为父本,经有性杂交,系谱法选育而成。品种审定编号为黑审豆20190047。

特征特性

出苗至成熟生育日数120天左右,需≥10℃活动积温2450℃左右。特种品种(大粒品种)。该品种为无限结荚习性。株高90cm左右,有分枝,紫花,尖叶,灰色茸毛,荚弯镰形,成熟时呈黄褐色。籽粒圆形,种皮黄色,种脐黄色,无光泽,百粒重29g左右。接种鉴定中抗灰斑病。蛋白质含量41.24%,脂肪含量21.57%。

技术要点

5月上旬播种,采用垄作栽培方式,公顷保苗20万~24万株。一般栽培条件下,每公顷施基肥磷酸二铵130kg、尿素20kg、钾肥80kg。

适宜地区

适宜黑龙江省第二积温带种植。

注意事项

低洼存水地块要防治根腐病。

图 1-49　绥农 49

技术来源:黑龙江省农业科学院绥化分院

联 系 人:付亚书　　　电话:0455-8399581

绥农53

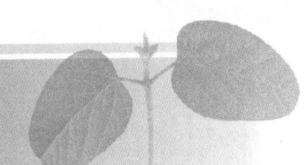

品种来源

黑龙江省农业科学院绥化分院以抗线9号为母本,绥农26为父本,经有性杂交,系谱法选育而成。品种审定编号为黑审豆20190012。

特征特性

出苗至成熟生育日数120天左右,需≥10℃活动积温2450℃左右。该品种为亚有限结荚习性。株高100cm左右,有分枝,紫花,尖叶,灰色茸毛,荚弯镰形,成熟时呈褐色。籽粒圆形,种皮黄色,种脐黄色,无光泽,百粒重22g左右。蛋白质含量41.44%,脂肪含量19.96%。接种鉴定中抗灰斑病。

技术要点

5月上旬播种,采用垄三栽培方式,公顷保苗22万~26万株。一般栽培条件下,每公顷施基肥磷酸二铵130kg、尿素20kg、钾肥80kg。

适宜地区

适宜黑龙江省第二积温带种植。

注意事项

注意防治根部病害。

图1-50 绥农53

技术来源: 黑龙江省农业科学院绥化分院

联系人: 付亚书　　　　**电话:** 0455-8399581

绥农71

品种来源

黑龙江省农业科学院绥化分院以黑农54为母本,东农48为父本,经有性杂交,系谱法选育而成。品种审定编号为黑审豆20200018。

特征特性

出苗至成熟生育日数118天左右,需≥10℃活动积温2350℃左右。高蛋白品种。该品种为亚有限结荚习性。株高90cm左右,有分枝,紫花,尖叶,灰色茸毛,荚弯镰形,成熟时呈褐色。籽粒圆形,种皮黄色,种脐黄色,无光泽,百粒重24g左右。接种鉴定中抗灰斑病。蛋白质含量45.55%,脂肪含量19.26%。

技术要点

5月上旬播种,采用垄三栽培方式,公顷保苗22万~26万株。一般栽培条件下,每公顷施磷酸二铵130kg、尿素20kg、钾肥80kg。

适宜地区

适宜黑龙江省第二积温带种植。

注意事项

注意防止倒伏。

图1-51 绥农71

技术来源:黑龙江省农业科学院绥化分院

联系人:付亚书　　　　电话:0455-8399581

绥农 81

品种来源

黑龙江省农业科学院绥化分院以绥农 31 为母本，以绥 07-104×黑农 48 的 F1 为父本，经有性杂交，系谱法选育而成。品种审定编号为黑审豆 20210009。

特征特性

出苗至成熟生育日数 118 天左右，需≥10℃活动积温 2350℃左右。属于高产广适品种。该品种为无限结荚习性。株高 100cm 左右，有分枝，紫花，尖叶，灰色茸毛，荚弯镰形，成熟时呈褐色。籽粒圆形，种皮黄色，种脐黄色，无光泽，百粒重 22g 左右。蛋白质含量 39.64%，脂肪含量 20.40%。中抗灰斑病。

技术要点

5 月上旬播种，选择中上等肥力地块种植，采用垄作栽培方式，公顷保苗 23 万～27 万株。一般栽培条件下，每公顷施磷酸二铵 130kg、尿素 20kg、钾肥 80kg。

适宜地区

适宜黑龙江省第二积温带、吉林省及内蒙古自治区相应积温区域种植。

注意事项

注意防治病虫害。

图 1-52 绥农 81

技术来源：黑龙江省农业科学院绥化分院
联系人：付亚书　　　　　　电话：0455-8399581

绥无腥豆3

品种来源

黑龙江省农业科学院绥化分院选育。以合丰50母本,以0556(绥03-31019-1×绥04-5474)F1为父本进行有性杂交,经5个世代选育而成。审定编号为黑审豆2018047。品种权号为CNA20182034.2。

特征特性

出苗至成熟生育日数115天左右,需≥10℃活动积温2300℃左右,属于无豆腥味品种。该品种为亚有限结荚习性,株高85cm左右,无分枝,紫花,尖叶,灰色茸毛,荚弯镰形,成熟时呈褐色。籽粒圆形,种皮黄色,种脐黄色,无光泽,百粒重19g左右。蛋白质含量37.34%,脂肪含量21.81%。中抗灰斑病。

技术要点

5月上旬播种,选择中等肥力地块种植,采用垄三栽培方式,公顷保苗25万~26万株。一般栽培条件下,每公顷施磷酸二铵130kg、尿素20kg、钾肥60kg。

适宜地区

适宜黑龙江省第二积温带种植。

注意事项

注意防治病虫害。

图1-53 绥无腥豆3

技术来源:黑龙江省农业科学院绥化分院

联系人:付亚书　　　　电话:0455-8399581

绥农42

品种来源

黑龙江省农业科学院绥化分院选育。以合03-1099为母本,以绥02-339为父本进行有性杂交,采用系谱法经多年鉴定选育而成。品种审定编号为黑审豆2016005,品种权号为CNA20160900.9。

特征特性

出苗至成熟生育日数118天左右,需≥10℃活动积温2400℃左右。属早熟高蛋白大豆品种。该品种为无限结荚习性。株高90cm左右,有分枝,紫花,尖叶,灰色茸毛,荚弯镰形,成熟时呈褐色。秆强抗倒,节多,多为二、三粒荚,不炸荚,适应性好。籽粒圆形,种皮黄色,种脐黄色,无光泽,百粒重21g左右。蛋白质含量40.68%,平均脂肪含量20.00%。接种鉴定中抗灰斑病,田间表现抗叶部病害,注意防治根部病害。

技术要点

5月上旬播种,选择中等以上肥力地块种植,采用垄作栽培方式,公顷保苗22万~26万株。一般栽培条件下,每公顷施种肥磷酸二铵135kg、尿素20kg、钾肥45kg。

适宜地区

适宜黑龙江省第二积温带种植。

注意事项

注意防治根部病害。

图1-54 绥农42

技术来源:黑龙江省农业科学院绥化分院
联系人:付亚书 电话:0455-8399581

绥农 44

品种来源

黑龙江省农业科学院绥化分院选育。以垦丰 16 为母本，以绥农 22 为父本进行有性杂交，秋天对其杂交粒 F0 代用 Co-60 伽马射线 120GY 辐射处理，经五个世代系谱法选育而成。审定编号为黑审豆 2016009，品种权号为 CNA20160901.8。

特征特性

出苗至成熟生育日数 118 天左右，需≥10℃活动积温 2320℃左右，属于高耐密高产品种。该品种为亚有限结荚习性，株高 80cm 左右，无分枝，白花，尖叶，灰色茸毛，荚弯镰形，成熟时呈褐色。秆强抗倒，主茎结荚型，节多荚密，多为二、三粒荚，不炸荚，适应性好。籽粒圆形，种皮黄色，种脐黄色，无光泽，百粒重 18g 左右。蛋白质含量 39.59%，脂肪含量 20.75%。中抗灰斑病。

技术要点

5 月上旬播种，选择中上等肥力地块种植，垄作栽培方式，公顷保苗 24 万～30 万株。窄行密植栽培公顷保苗 40 万株左右。一般栽培条件下，每公顷施磷酸二铵 130kg、尿素 20kg、钾肥 45kg。

图 1-55 绥农 44

适宜地区

适宜黑龙江省第三积温带种植。

注意事项

注意防治病虫害。

技术来源：黑龙江省农业科学院绥化分院
联系人：付亚书　　　电话：0455-8399581

绥农 48

品种来源

黑龙江省农业科学院绥化分院选育。以黑农 48 为母本,以垦丰 16 为父本进行有性杂交,经五个世代选育而成。审定编号为黑审豆 2017017,品种权号为 CNA20171104.0。

特征特性

出苗至成熟生育日数 117 天左右,需≥10℃活动积温 2300℃左右,属于高油品种。该品种为亚有限结荚习性,株高 80cm 左右,无分枝,紫花,尖叶,灰色茸毛,荚弯镰形,成熟时呈褐色。节短荚密,秆强抗倒伏。籽粒圆形,种皮黄色,种脐黄色,无光泽,百粒重 20g 左右。蛋白质含量 38.71%,脂肪含量 21.55%。中抗灰斑病。

图 1-56 绥农 48

技术要点

5 月上旬播种,选择中上等肥力地块种植,采用垄作栽培方式,公顷保苗 24 万～28 万株。采用小垄密植栽培方式,公顷保苗 32 万～36 万株。一般栽培条件下,每公顷施磷酸二铵 130kg、尿素 20kg、钾肥 60kg。

适宜地区

适宜黑龙江省第三积温带种植。

注意事项

注意防治病虫害。

技术来源:黑龙江省农业科学院绥化分院

联 系 人:景玉良　　　　电话:0455-8398739

绥农 52

品种来源

黑龙江省农业科学院绥化分院选育。以绥农 26 母本，以绥 07-502 为父本进行有性杂交，经 5 个世代选育而成。审定编号为黑审豆 2017028，品种权号为 CNA20171106.8。

特征特性

出苗至成熟生育日数 120 天左右，需≥10℃活动积温 2450℃左右，属普通大粒品种。该品种为无限结荚习性，株高 90cm 左右，有分枝，紫花，尖叶，灰色茸毛，荚微弯镰形，成熟时呈黄褐色。秆强抗倒伏。籽粒圆形，种皮黄色，种脐黄色，无光泽，百粒重 29g 左右。平均蛋白质含量 42.09%，脂肪含量 19.72%。中抗灰斑。田间表现抗叶部病害，注意防治根部病害。

图 1-57 绥农 52

技术要点

5 月上旬播种，选择中等及以上肥力地块种植，采用垄作栽培方式，公顷保苗 20 万～24 万株。一般栽培条件下每公顷施种肥磷酸二铵 130kg、尿素 20kg、钾肥 60kg。

适宜地区

适宜黑龙江省第二积温带种植。

注意事项

注意防治根部病害。

技术来源：黑龙江省农业科学院绥化分院

联 系 人：付亚书　　　　**电话**：0455-8399581

绥农 82

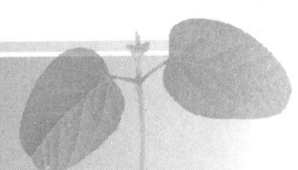

品种来源

黑龙江省农业科学院绥化分院选育。以绥农 26 为母本,以(垦丰 23×绥农 26)F1 为父本,经有性杂交,系谱法选育而成。审定编号为黑审豆 20210006。

特征特性

出苗至成熟生育日数 120 天左右,需≥10℃活动积温 2400℃左右。该品种为无限结荚习性,株高 95cm 左右,有分枝,紫花,尖叶,灰色茸毛,荚弯镰形,成熟时呈褐色。籽粒圆形,种皮黄色,种脐黄色,无光泽,百粒重 21g 左右。平均蛋白质含量 39.47%,脂肪含量 20.15%。中抗灰斑病。

技术要点

5 月上旬播种,选择中等肥力地块种植,采用垄三栽培方式,公顷保苗 23 万～27 万株。一般栽培条件下,每公顷施磷酸二铵 130kg、尿素 20kg、钾肥 80kg。

适宜地区

适宜黑龙江省第二积温带种植。

注意事项

注意防治病虫害。

图 1-58 绥农 82

技术来源: 黑龙江省农业科学院绥化分院
联 系 人: 景玉良　　　　**电话:** 0455-8398739

绥农 76

品种来源

黑龙江省农业科学院绥化分院选育。以绥07-1186为母本,以绥07-104为父本进行有性杂交,经5个世代选育而成。审定编号为黑审豆20190021。品种权号为CNA20191000752。

特征特性

出苗至成熟生育日数115天左右,需≥10℃活动积温2300℃左右,属于高蛋白品种。该品种为无限结荚习性,株高90cm左右,有分枝,紫花,尖叶,灰色茸毛,荚弯镰形,成熟时呈褐色。籽粒圆形,种皮黄色,种脐黄色,无光泽,百粒重20g左右。平均蛋白质含量46.78%,脂肪含量16.86%。中抗灰斑病。

技术要点

5月上旬播种,选择中等肥力地块种植,采用垄三栽培方式,公顷保苗20万~24万株。一般栽培条件下,每公顷施基肥磷酸二铵130kg、尿素20kg、钾肥80kg。

适宜地区

适宜黑龙江省第三积温带种植。

注意事项

注意不宜密植,防止倒伏。

图1-59 绥农76

技术来源:黑龙江省农业科学院绥化分院
联系人:王金星　　　电话:0455-8399581

绥农 94

品种来源

黑龙江省农业科学院绥化分院选育。以黑农 48 为母本,以(绥 07-1186×垦丰 18)F1 为父本进行有性杂交,经 5 个世代选育而成。审定编号为黑审豆 20200040。

特征特性

出苗至成熟生育日数 116 天左右,需≥10℃活动积温 2300℃左右,属于高蛋白品种。该品种为亚有限结荚习性,株高 70cm 左右,无分枝,紫花,尖叶,灰色茸毛,荚弯镰形,成熟时呈褐色。籽粒圆形,种皮黄色,种脐黄色,无光泽,百粒重 21g 左右。平均蛋白质含量 44.01%,脂肪含量 18.85%。中抗灰斑病。

技术要点

5 月上旬播种,选择中上等肥力地块种植,采用垄作栽培方式,公顷保苗 25 万~29 万株。一般栽培条件下,每公顷施磷酸二铵 130kg、尿素 20kg、钾肥 80kg。

适宜地区

适宜黑龙江省第三积温带东部区。

注意事项

注意防治病虫害。

图 1-60 绥农 94

技术来源:黑龙江省农业科学院绥化分院
联 系 人:付亚书　　　　电话:0455-8399581

绥农 56

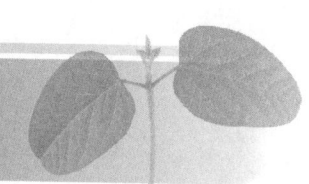

品种来源

黑龙江省农业科学院绥化分院选育。以绥07-8母本,以(绥农28×垦丰16)F1为父本进行有性杂交,经5个世代选育而成。审定编号为黑审豆20190017,品种权号为CNA20171104.0。

特征特性

出苗至成熟生育日数115天左右,需≥10℃活动积温2300℃左右,属于高油品种。该品种为亚有限结荚习性,株高85cm左右,有分枝,白花,尖叶,灰色茸毛,荚弯镰形,成熟时呈褐色。籽粒圆形,种皮黄色,种脐黄色,无光泽,百粒重20g左右。蛋白质含量38.57%,脂肪含量21.19%。中抗灰斑病。

技术要点

5月上旬播种,选择中上等肥力地块种植,采用垄作栽培方式,公顷保苗22万~26万株。一般栽培条件下,每公顷施磷酸二铵130kg、尿素20kg、钾肥80kg。

适宜地区

适宜黑龙江省第三积温带种植。

注意事项

注意防治病虫害。

图1-61 绥农56

技术来源:黑龙江省农业科学院绥化分院
联系人:付亚书 电话:0455-8399581

松嫩平原中南部大豆主栽品种

黑农 48

品种来源

黑龙江省农业科学院大豆研究所选育。以哈 90-6719 为母本，绥 90-5888 为父本进行有性杂交，采用系谱法经多年鉴定选育而成。品种审定编号为吉审豆 2011021、黑审豆 2004002。

特征特性

出苗至成熟 115 天，需 ≥10℃活动积温 2380℃左右，属早熟高蛋白大豆品种。该品种为亚有限结荚习性，株型收敛，株高 90cm，主茎型，主茎节数 17 节，分枝较少，节间短。尖叶，紫花，灰毛。结荚密集，四粒荚多，单株有效荚数 38 个，荚熟时呈浅褐色。籽粒圆形，种皮黄色、有光泽，种脐黄色，百粒重 22g 左右。籽粒粗蛋白含量 45.23%，粗脂肪含量 18.43%。人工接种（菌）鉴定，抗大豆花叶病毒 1 号株系，感灰斑病。

图 1-62　黑农 48

技术要点

5 月上旬播种，垄作双行拐子苗，公顷保苗 28 万株左右，播种前用硼钼微肥种衣剂包衣处理。一般每公顷施磷酸二铵 150kg、尿素 30kg、硫酸钾 60kg，深施或分层施。

适宜地区

适宜吉林省东部大豆早熟区、黑龙江省第二积温带种植。

注意事项

注意及时防治蚜虫和食心虫。

技术来源：黑龙江省农业科学院大豆研究所
联系人：栾晓燕　　　　**电话**：13313651508

长农 39

品种来源

以 SB8699 为母本,以 CM158 为父本,配制杂交组合,经系谱法多年选育而成。品种审定编号为吉审豆20180004。

特征特性

属中熟品种,出苗至成熟129天,需≥10℃活动积温2650℃。该品种为无限结荚习性,平均株高100cm,分枝型品种,平均分枝3个,主茎节数19个。圆叶、白花、棕毛。四粒荚多,荚熟时呈浅褐色。籽粒圆形,种皮黄色、有光泽,种脐褐色,百粒重17g。蛋白质含量40.91%,脂肪含量20.15%。人工接种鉴定,中抗大豆花叶病毒1号株系,感大豆花叶病毒3号株系,高抗大豆灰斑病。

技术要点

一般4月下旬播种,公顷保苗22万株。每公顷施有机肥2万kg做底肥,大豆专用复合肥300kg。

适宜地区

适宜吉林省中熟地区种植。

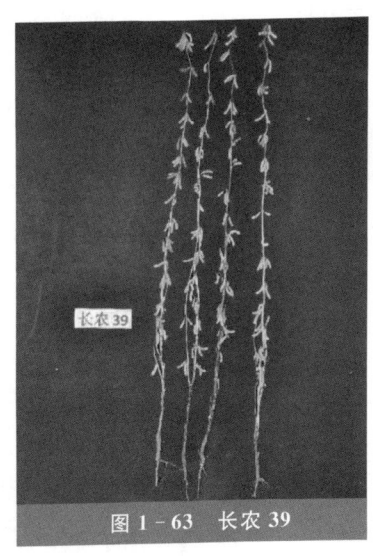

图1-63　长农39

技术来源:长春市农业科学院

联　系　人:程延喜　　电话:0431-87874221-8604

吉育 86

品种来源

公交 93142B-28 为母本，九农 25 为父本，经有性杂交，系谱法选育而成。品种审定编号为国审豆 2009007。

特征特性

出苗至成熟 128 天，需≥10℃活动积温 2600~2800℃。该品种为亚有限结荚习性，株高 91cm，主茎节数 17 个，荚熟呈褐色。尖叶、紫花、灰色茸毛。籽粒椭圆形，种皮黄色，种脐黄色，百粒重 21g。蛋白质含量 39.63%，脂肪含量 21.22%。人工接种鉴定，中抗花叶病毒病 1 号株系，中感花叶病毒病 3 号株系。

技术要点

播种期为 4 月 25 日至 5 月 5 日。每公顷播种量 55kg，等距点播，公顷保苗 20 万~22 万株。每公顷施有机肥 2 万 kg 做底肥，磷酸二铵 150kg 做种肥。

适宜地区

适宜吉林中部、辽宁抚顺、内蒙古赤峰、新疆石河子春播种植。

图 1-64　吉育 86

技术来源：吉林省农业科学院大豆研究所
联 系 人：刘宝权　　　　　　电话：0431-87063233

吉育 407

品种来源

2001年以九交8866-12为母本,铁90035-17为父本杂交,经系谱法选育而成。品种审定编号为国审豆2013006。

特征特性

出苗至成熟126天,需≥10℃活动积温2500℃以上。该品种为亚有限结荚习性,株型收敛,株高86cm,主茎17节,有效分枝1~2个,底荚高度10cm,单株结荚46个,株型收敛,荚熟时呈褐色,尖叶、白花、灰毛。籽粒圆形,种皮黄色、有光泽,种脐褐色。百粒重17g左右。粗蛋白含量38.17%,粗脂肪含量22.59%。接种鉴定,中抗花叶病毒病1号株系,中抗花叶病毒病3号株系,中抗灰斑病。

技术要点

一般在5月上旬播种,每公顷保苗20万~23万株。每公顷施有机肥2万kg、种肥磷酸二铵150kg。

适宜地区

适宜吉林省中熟区域种植。

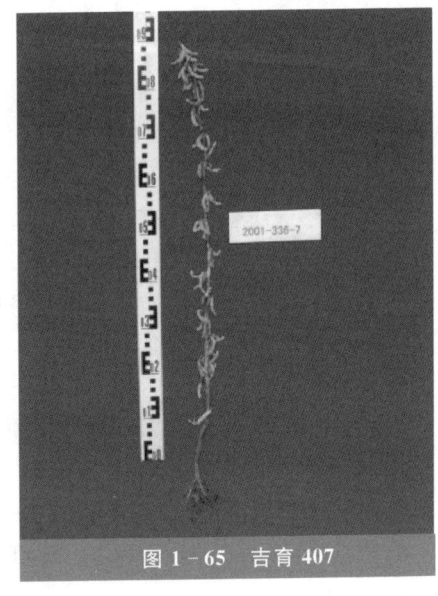

图1-65 吉育407

技术来源:吉林省农业科学院
联系人:王曙明　　　电话:15904428017

吉农43

品种来源

吉林农业大学2002年以"CN05-8"为母本、"CN05-13"为父本，进行品种间有性杂交，经系谱法多年系统选育而成。品种审定编号为国审豆2015002。

特征特性

北方春播生育期平均128天，需≥10℃活动积温2600℃以上。株型收敛，该品种为无限结荚习性。株高90cm，主茎18节，有效分枝2个，底荚高度14cm，单株有效荚数58个，单株粒数137粒，单株粒重24g。卵圆叶，紫花，棕毛。籽粒椭圆形，种皮黄色、无光，种脐蓝色，百粒重17g。粗蛋白含量35.95%，粗脂肪含量22.98%。接种鉴定，抗花叶病毒病1号株系和3号株系，感孢囊线虫病3号生理小种。

技术要点

4月下旬至5月初播种，每公顷保苗20万～21万株。每公顷施腐熟有机肥3万kg、氮磷钾三元复合肥200kg或磷酸二铵150kg作基肥，初花期追施50kg氮磷钾三元复合肥。

适宜地区

适宜吉林中熟区、内蒙古呼和浩特及赤峰地区春播种植。

图1-66 吉农43

技术来源：吉林农业大学农学院
联 系 人：王振民　　　**电话**：13904329935

吉育403

品种来源

1998年以长农5为母本,吉原3号为父本进行有性杂交,经系谱法选育而成。品种审定编号为吉审豆2012005。

特征特性

出苗至成熟124天,需≥10℃活动积温2650℃。该品种为亚有限结荚习性,株高85cm,主茎型,1~2个有效分枝,荚熟呈褐色。紫花、尖叶、灰色茸毛。籽粒圆形,种皮黄色,种脐黄色,百粒重16g。蛋白质含量36.33%,脂肪含量22.13%。人工接种(菌)鉴定,抗大豆花叶病毒1号株系、3号株系、混合株系和灰斑病;田间自然诱发鉴定,高抗花叶病毒病、灰斑病、霜霉病和细菌性斑点病,抗褐斑病,感食心虫。

技术要点

一般4月下旬5月上旬播种,每公顷保苗20万~22万株。一般每公顷底肥施有机肥2万~3万kg,种肥磷酸二铵100~150kg、硫酸钾50kg。

适宜地区

适宜吉林省大豆中熟区种植。

图1-67 吉育403

技术来源:吉林省农业科学院大豆研究所
联系人:刘宝权　　　电话:0431-87063233

吉大豆 19

品种来源

以吉林35为母本，吉林163为父本进行有性杂交，经系谱法选育而成。品种审定编号为吉审豆20200034。

特征特性

中熟品种，出苗至成熟121天，需≥10℃活动积温2650℃。该品种为亚有限结荚习性，平均株高95cm，主茎型结荚，主茎节数17个，三粒荚多，荚熟时呈黄褐色。圆叶、紫花、灰毛。籽粒圆形，种皮黄色，微光，种脐黄色，平均百粒重19g。粗蛋白含量37.85%，粗脂肪含量21.39%。人工接种鉴定，高抗大豆花叶病毒1号株系，高抗大豆花叶病毒3号株系。

技术要点

一般4月下旬播种，每公顷保苗20万株左右。一般基肥每公顷施有机肥2万kg、大豆专用复合肥200kg。

适宜地区

适宜吉林省大豆中熟区种植。

图1-68 吉大豆19

技术来源：吉林大学植物科学学院
联系人：王庆钰　　**电话**：0431-87835723

长农 45

品种来源

以吉育 89 为母本，中黄 35 为父本进行有性杂交，经系谱法选育而成。品种审定编号为吉审豆 20190011。

特征特性

中晚熟品种，出苗至成熟平均 129 天，需≥10℃有效积温 2650℃。该品种为亚有限结荚习性，平均株高 104cm，主茎型结荚，主茎节数 17 个，三粒荚多，荚熟时呈浅褐色。圆形叶、紫花、灰毛。籽粒圆形，种皮黄色，有光泽，种脐淡黑色，平均百粒重 16g。蛋白质含量 37.40%，脂肪含量 22.38%。人工接种鉴定，中抗大豆花叶病毒 1 号株系，感大豆花叶病毒 3 号株系。

技术要点

一般在 4 月下旬播种，公顷保苗 20 万～22 万株。每公顷施有机肥 3 万 kg、磷酸二铵 150kg、硫酸钾 50kg。

适宜地区

适宜吉林省中晚熟区种植。

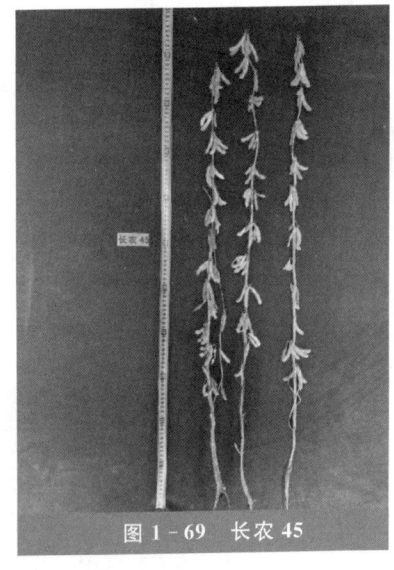

图 1-69 长农 45

技术来源：长春市农业科学院
联系人：程延喜　　电话：0431-87874221-8604

长密豆30

品种来源

2003年以合交95-984为母本，CK-P-2为父本，进行有性杂交选育而成。品种审定编号为吉审豆2014013。

特征特性

出苗至成熟121天，需≥10℃活动积温2500℃。该品种为亚有限结荚习性，株高88cm，秆强抗倒，荚成熟褐色，紫花，尖叶，棕色茸毛。籽粒圆形，有光泽，百粒重17g左右。蛋白质含量38.78%，脂肪含量20.56%。抗大豆花叶病毒病，抗大豆灰斑病，抗大豆褐斑病，高抗大豆霜霉病，抗大豆细菌斑点病，中抗大豆食心虫。

技术要点

一般4月下旬至5月上旬播种，每公顷保苗30万株。每公顷底肥施有机肥3万kg、磷酸二铵200~250kg、硫酸钾75kg。

适宜地区

适宜吉林省中早熟区种植。

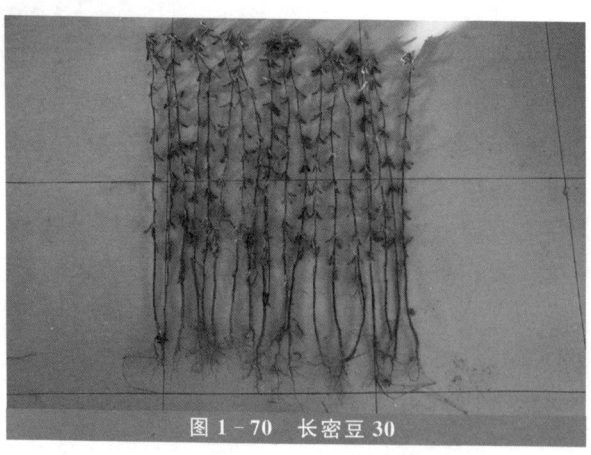

图1-70　长密豆30

技术来源：长春市农业科学院

联 系 人：程延喜　　　　电话：0431-87874221-8604

吉农38

品种来源

2004年以外引系CUNA为母本,吉农9922-2为父本,进行有性杂交,经系谱法选育而成。品种审定编号为吉审豆2014011。

特征特性

属中早熟品种,出苗至成熟122天,需≥10℃活动积温2450℃以上。该品种为亚有限结荚习性,株高91cm,有分枝,株型收敛;圆叶,白花,灰色茸毛;秆强,结荚密集,荚熟呈褐色。籽粒椭圆形,种皮黄色有光泽,种脐黄色,百粒重21g。蛋白质含量36.24%,脂肪含量21.52%。田间自然诱发鉴定,高抗大豆花叶病毒病,抗大豆灰斑病,抗大豆褐斑病,高抗大豆霜霉病,高抗大豆细菌性斑点病,中抗大豆食心虫。

技术要点

4月末至5月5日播种,一般公顷保苗22万~23万株。每公顷施有机肥2万~3万kg,种肥磷酸二铵150kg。

适宜地区

适宜吉林省中早熟区种植。

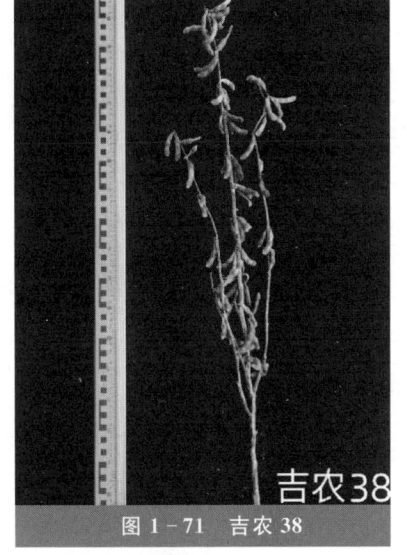

图1-71 吉农38

技术来源:吉林农业大学农学院
联 系 人:王丕武　　电话:13504702571

吉育 308

品种来源

2007年以吉育47为母本，黑河小黄豆为父本，经有性杂交，系谱法选育而成。品种审定编号为吉审豆20190004。

特征特性

出苗至成熟120天，需≥10℃活动积温2400℃。该品种为亚有限结荚习性，株高92cm，主茎型，荚熟呈褐色。圆叶、紫花、灰色茸毛。籽粒圆形，种皮黄色，种脐黄色，百粒重22g。蛋白质含量39.59%，脂肪含量21.00%。人工接种（菌）鉴定，高抗大豆花叶病毒1号株系，高抗大豆花叶病毒3号株系，中抗大豆灰斑病；田间自然诱发鉴定，高抗花叶病毒病、霜霉病和细菌性斑点病，中抗灰斑病、褐斑病和食心虫。

技术要点

4月下旬至5月上旬播种，每公顷保苗20万～22万株。每公顷施底肥农肥2万～3万kg，种肥磷酸二铵150kg、硫酸钾50kg或大豆专用肥250～300kg。

适宜地区

适宜吉林省中早熟地区春播种植。

图1-72 吉育308

技术来源：吉林省农业科学院大豆研究所
联 系 人：董志敏　　　电话：0431-87063235

吉育 47

品种来源

1990年以海交83147-2（系）为母本，吉林20号为父本，进行有性杂交选育而成。品种审定编号为吉审豆20200013。

特征特性

出苗至成熟125天，需≥10℃活动积温2600～2700℃。该品种为亚有限结荚习性，株高80～90cm，主茎发达，秆强，结荚均匀、密集，多为二三粒荚，荚成熟褐色，白花，灰毛，圆叶。籽粒椭圆形，种皮黄色，有光泽，脐黄色，百粒重20g。蛋白质含量39.48%，脂肪含量21.75%。抗大豆花叶病毒病、细菌性斑点病、灰斑病、霜霉病、较抗大豆食心虫。

技术要点

一般4月末至5月初播种，宜等距点播，每公顷保苗22万～23万株。每公顷施有机肥1万kg、磷酸二铵100kg。

适宜地区

适宜吉林省白城、松原、延边、吉林、通化、长春部分地区及黑龙江西部等地区种植。

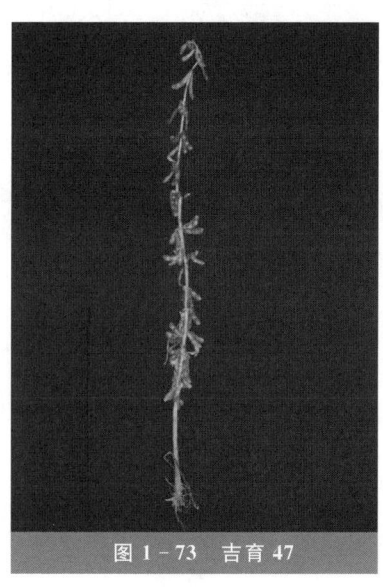

图1-73 吉育47

技术来源：吉林省农业科学院大豆研究中心
联 系 人：王新风　　　**电话**：13630903731

吉育 303

品种来源

2003年以 Kexi8 为母本，合 99-756 为父本进行有性杂交，经系谱法选育而成。品种审定编号为国审豆 20200017。

特征特性

属中早熟品种，出苗至成熟 119 天，需≥10℃活动积温 2450℃以上。该品种为亚有限结荚习性，尖叶、紫花、棕毛，株高 85cm，主茎节数 16 个，主茎型，荚成熟时呈褐色。籽粒圆形，种皮黄色，有光泽，种脐黄色，百粒重 18g。蛋白质含量 40.86%，脂肪含量 20.00%。人工接种鉴定，抗大豆花叶病毒病、灰斑病。中感大豆孢囊线虫 3 号生理小种。

技术要点

4月末至 5 月初播种，每公顷播种量 55kg，每公顷保苗 20 万～22 万株。条播，株距 9cm 左右。每公顷底肥施 2 万 kg 有机肥，施 150kg 磷酸二铵作种肥。

适宜地区

适宜吉林省白城、松原等中早熟地区种植。

图 1-74 吉育 303

技术来源：吉林省农业科学院大豆研究所
联 系 人：王曙明　　**电话**：0431-87063226

吉育69

品种来源

1996年以公交9223-1为母本,垦交93-682为父本,进行有性杂交,经系谱法选育而成。品种审定编号为吉审豆2004002。

特征特性

属早熟品种,生育期116天,需≥10℃活动积温2500℃。该品种为亚有限结荚习性,株高90cm。四粒荚多,灰色茸毛,紫花、尖叶。种皮黄色,种脐黄色,籽粒圆形,百粒重24g左右。脂肪含量19.20%,蛋白质含量44.09%,合计63.29%。中抗大豆花叶病毒SMV Ⅰ号株系和SMV混合株系,抗大豆灰斑病。

技术要点

4月末至5月初播种,一般每公顷保苗22万～25万株。每公顷施有机肥2万～3万kg,种肥每公顷施磷酸二铵100～150kg。

适宜地区

适宜吉林省中早熟区种植。

图1-75 吉育69

技术来源:吉林省农业科学院大豆研究所
联 系 人:刘佳 **电话**:18643010126

吉农71

品种来源

2006年以自选系CN06-5为母本，CN06-8为父本配制杂交组合，采用系谱法经多年鉴定选育而成。品种审定编号为吉审豆20170003。

特征特性

属早熟品种，出苗至成熟118天，需≥10℃活动积温2350℃以上。该品种为亚有限结荚习性，平均株高98cm，主茎型结荚，主茎节数17个，四粒荚多，荚熟时呈褐色。尖叶、白花、灰毛。籽粒圆形，种皮黄色，有光泽，种脐黄色，百粒重16g。蛋白质含量37.30%，脂肪含量21.69%。人工接种鉴定，抗大豆花叶病毒1号株系，感大豆花叶病毒3号株系，中抗大豆灰斑病。

技术要点

4月末至5月5日播种，一般每公顷保苗20万株。每公顷施有机肥2万～3万kg，大豆专用复合肥300kg。

适宜地区

适宜吉林省大豆中早熟区种植。

图1-76 吉农71

技术来源：吉林农业大学农学院
联 系 人：王振民　　　　**电话**：13904329935

九农43B

品种来源

2008年以九农26为母本,吉育71为父本,进行有性杂交,经系谱法选育而成。品种审定编号为吉审豆20190006。

特征特性

北方春播生育期平均122天,需≥10℃活动积温2650℃以上。主茎型,该品种为亚有限结荚习性。株高96cm,主茎节数17个,三粒荚多,荚熟时呈褐色。圆形叶、白花、灰毛。籽粒圆形,种皮黄色,有光泽,种脐黄色,平均百粒重22g。粗蛋白含量41.51%,粗脂肪含量20.80%。人工接种鉴定,抗大豆花叶病毒1号株系,抗大豆花叶病毒3号株系,中抗大豆灰斑病。

技术要点

4月下旬至5月初播种,每公顷保苗20万~22万株。每公顷施腐熟有机肥2万~3万kg,种肥每公顷施磷酸二铵100~150kg。

适宜地区

适宜吉林省中早熟区种植。

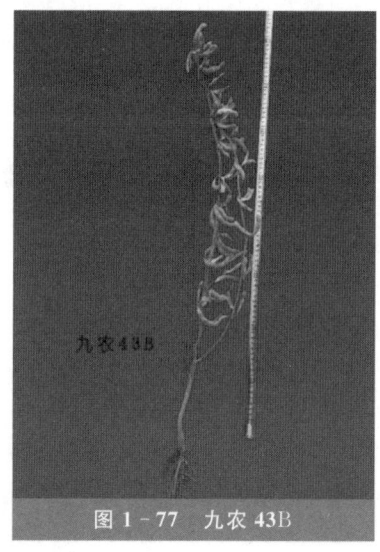

图1-77 九农43B

技术来源: 吉林市农业科学院
联 系 人: 杨继余   **电话:** 13843285203

长农 17

品种来源

1991年以公83145-10为母本,生85183-3-5为父本,进行有性杂交选育而成。品种审定编号为吉审豆2003004。

特征特性

出苗至成熟120～123天,需≥10℃活动积温2500℃。该品种为亚有限结荚习性,株高95～105cm,主茎节数19节,荚成熟褐色,紫花,圆叶,灰色茸毛。籽粒圆形,种皮黄色,有光泽,种脐浅褐色,百粒重20g左右。蛋白质含量39.26%,脂肪含量22.31%。抗倒伏;人工接种鉴定,抗花叶病毒病1号株系。

技术要点

一般4月下旬至5月上旬播种,公顷播种量55kg左右,公顷保苗20万～22万株。每公顷施有机肥2万～3万kg做底肥,磷酸二铵150kg做种肥。

适宜地区

适宜吉林省中早熟区种植。

图1-78 长农17

技术来源:长春市农业科学院
联 系 人:程延喜　　　　电话:0431-87874221-8604

长农 26

品种来源

2001年以吉林长农17号为母本，黑农40号为父本配制杂交组合，采用系谱法经多年鉴定选育而成。品种审定编号为吉审豆2010004。

特征特性

中早熟品种。出苗至成熟121天，需≥10℃活动积温2500℃。该品种为亚有限结荚习性，株高97cm，主茎型结荚，主茎节数17个，三、四粒荚多，荚熟时呈深褐色，紫花，尖叶，灰毛。籽粒圆形，种皮黄色，有光泽，种脐黄色，百粒重18g。粗蛋白含量38.36%，粗脂肪含量19.30%。人工接种鉴定，中感大豆孢囊线虫。

技术要点

一般4月下旬播种，公顷保苗20万～22万株。一般每公顷基肥施有机肥2万kg，种肥施磷酸二铵150kg。

适宜地区

适宜吉林省大豆中早熟区种植。

图1-79 长农26

技术来源：长春市农业科学院
联 系 人：程延喜　　　　电话：0431-87874221-8604

吉农 35

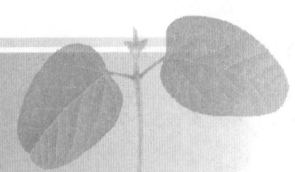

品种来源

2000年以吉农9922-2为母本，外引系ARIRA为父本进行有性杂交，经系谱法选育而成。品种审定编号为吉审豆2013008。

特征特性

出苗至成熟120天，需≥10℃活动积温2450℃以上。该品种为亚有限结荚习性，株型收敛，株高95cm左右，有分枝，秆强。圆叶，白花，棕色茸毛。结荚密集，荚熟时呈褐色。籽粒椭圆形，皮黄色、有光泽，脐黄色，百粒重20～21g。粗蛋白含量39.93%，粗脂肪含量22.26%。人工接种（菌）鉴定，2011年中感大豆花叶病毒1号、3号、混合株系和灰斑病，感食心虫；2012年中抗灰斑病，中感大豆花叶病毒1号株系，大豆花叶病毒3号株系和混合株系抗性优于对照，高感食心虫。田间自然诱发鉴定，高抗花叶病毒病、灰斑病、褐斑病、霜霉病和细菌性斑点病，感食心虫。

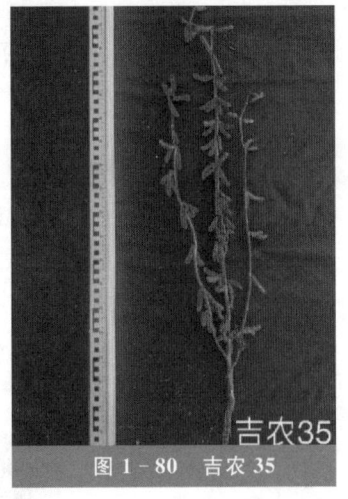

图1-80 吉农35

技术要点

4月下旬至5月上旬播种，公顷保苗22万～23万株。每公顷底施有机肥2万～3万kg，种肥磷酸二铵100～150kg、硫酸钾50kg或大豆专用肥250～300kg。

适宜地区

适宜吉林省中早熟地区春播种植。

技术来源： 吉林农业大学农学院

联 系 人： 王丕武　　　　**电话：** 13504702571

吉育259

品种来源

2001年以A3127为母本,吉育58为父本,配制杂交组合,系谱法经多年鉴定选育而成。品种审定编号为国审豆20210022。

特征特性

出苗至成熟128天,需≥10℃活动积温2350℃以上。该品种为亚有限结荚习性,株型收敛,株高85cm,主茎15节,主茎型,株型收敛,三粒荚多,荚熟时呈褐色,圆叶、紫花、棕毛。籽粒椭圆形,种皮黄色、微光泽,种脐黄色。百粒重18g左右。粗蛋白含量43.28%,粗脂肪含量19.12%。接种鉴定,高抗花叶病毒病1号株系,高抗花叶病毒病3号株系,高抗灰斑病。

技术要点

一般5月初播种,每公顷保苗22万~24万株。每公顷施有机肥2万kg,种肥施磷酸二铵150kg。

适宜地区

适宜吉林省白山、延边、吉林、通化等地早熟区域种植。

图1-81 吉育259

技术来源:吉林省农业科学院
联 系 人:王曙明   电话:15904428017

吉农 45

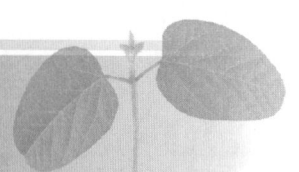

品种来源

2003年以吉育47为母本，外引系加拿大4号为父本，通过有性杂交，利用系谱法选育而成。品种审定编号为国审豆2016004。

特征特性

出苗至成熟119天，需≥10℃活动积温2350℃以上。该品种为亚有限结荚习性，株型收敛，株高92cm，主茎18节，有效分枝1个，底荚高度13cm，单株有效荚数44个，单株粒数87粒，单株粒重16g。圆叶、白花、棕毛。籽粒圆形，种皮黄色、微光，种脐黄色。百粒重19g左右。粗蛋白含量37.92%，粗脂肪含量21.66%。接种鉴定，中感花叶病毒病1号株系，中抗花叶病毒病3号株系，中抗灰斑病。

技术要点

一般4月25日至5月5日播种。公顷保苗高肥力地块23万株，中等肥力地块26万株，低肥力地块29万株。一般每公顷基肥施有机肥2万~3万kg，种肥施磷酸二铵100~150kg。

适宜地区

适宜吉林省蛟河及延边部分地区种植。

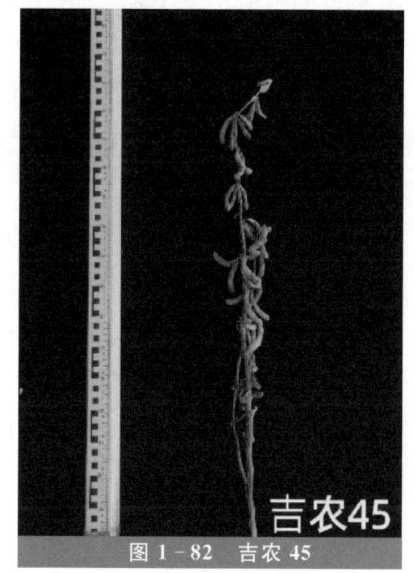

图1-82 吉农45

技术来源：吉林农业大学农学院
联系人：王玉武　　　电话：13504702571

吉育 202

品种来源

2003年以美国品种A1900为母本，日本品种suzumaru为父本配制杂交组合，采用单粒传法，经多年鉴定选育而成。品种审定编号为吉审豆2012011。

特征特性

出苗至成熟116天，需≥10℃活动积温2400℃以上。该品种为亚有限结荚习性，圆叶、白花、灰毛，株高86cm，主茎节数16个，主茎型，荚熟时呈褐色。籽粒圆形，种皮黄色，有光泽，脐黄色，百粒重17g。蛋白质含量33.29%，脂肪含量25.31%，为高脂肪品种。抗大豆花叶病毒1号株系和3号株系，中感大豆灰斑病。

技术要点

5月上旬播种，公顷播种60kg，株距8cm左右。每公顷保苗22万～24万株。适宜中等肥力地块种植，每公顷底肥施有机肥3万kg，种肥施磷酸二铵150kg。

适宜地区

适宜吉林省吉林、白山、延边等早熟区种植。

图 1-83　吉育 202

技术来源：吉林省农业科学院大豆研究所
联系人：王曙明　　　　电话：0431-87063226

吉育203

品种来源

2003年以公交2059反-6为母本,垦农18为父本进行有性杂交,经系谱法选育而成。品种审定编号为吉审豆2012012。

特征特性

早熟品种,出苗至成熟118天左右,需≥10℃活动积温2450℃以上。该品种为亚有限结荚习性,株高85cm左右,圆叶、紫花、灰色茸毛。主茎型,株型收敛。结荚密集,三、四粒荚多,荚熟呈褐色。籽粒椭圆形,种皮黄色、有光泽,种脐黄色,百粒重20g。蛋白质含量34.50%,脂肪含量24.94%,为高脂肪品种。人工接种鉴定:抗花叶病毒病1号株系,抗大豆花叶病毒病3号株系,抗大豆花叶病毒病混合株系,中感大豆灰斑病。

技术要点

5月上旬播种,公顷播种量60kg,宜等距点播,一般公顷保苗25万株。一般每公顷基肥施有机肥1万kg,种肥施磷酸二铵100kg或适量复合肥。

适宜地区

适宜吉林省大豆早熟区种植。

图1-84 吉育203

技术来源:吉林省农业科学院大豆研究所
联系人:王新风   **电话**:13630903731

雁育豆 8

品种来源

以合丰 55 为母本，吉育 71 为父本进行有性杂交，经系谱法选育而成。品种审定编号为吉审豆 20190016。

特征特性

早熟品种，出苗至成熟平均 116 天，需≥10℃活动积温 2400℃以上。该品种为亚有限结荚习性，平均株高 86cm，主茎型结荚，主茎节数 14 个，三粒荚多，荚熟时呈褐色。尖叶、紫花、灰色茸毛。籽粒圆形，种皮黄色，有光泽，种脐黄色，平均百粒重 19g。蛋白质含量 38.71%，脂肪含量 21.45%。人工接种鉴定，中抗大豆花叶病毒 1 号株系，感大豆花叶病毒 3 号株系，中抗大豆灰斑病。

技术要点

一般 4 月下旬至 5 月上旬播种，公顷保苗 22 万株左右。一般每公顷基肥施用有机肥 2 万 kg，种肥施磷酸二铵 150kg。

适宜地区

适宜吉林省大豆早熟区种植。

图 1-85 雁育豆 8

技术来源：吉林省敦化市雁鸣湖种业专业农场
联 系 人：姚秀炜　　　　**电话**：15981325807

黄淮海地区大豆主栽品种

中黄13

品种来源

中国农业科学院作物科学研究所用豫豆8号×中90052-76选育而成的大豆品种。审定编号为00040319，国审豆2001008，津农种审豆2001004，川审豆2005006，鄂审豆2011001，豫引豆2011003。

特征特性

该品种为有限结荚习性，生育期109天。叶卵圆形，深绿色，株高78cm，有效分枝2个，紫花，灰毛，褐色荚，单株有效荚数55个，单株粒数103粒，百粒重17g，籽粒圆形，种皮黄色，褐色脐，紫斑率0.1%，褐斑率0.6%。蛋白质含量42.72%，脂肪含量19.11%。大豆花叶病毒病SC-3中感，SC-7中感。

图1-86 中黄13

技术要点

中黄13属半矮秆型品种，分枝调节能力强，公顷保苗株数26万～30万株，根据土壤肥力来调节，肥地宜稀，瘦地宜密。每公顷施有机肥3万～4.5万kg，最好在前茬施进或播前施进。每公顷施磷酸二铵150～225kg、钾肥75kg。

适宜区域

适应性广，可在安徽、山东、陕西南部、河北南部、河南、江苏夏播，又可在天津、辽宁南部、北京、河北北部和四川等地作为春播种植。

注意事项

本品种属大粒型，在出苗及鼓粒期需要充足水分，应及时灌溉。成熟后应及时收获，太晚易炸荚。

技术来源：中国农业科学院作物科学研究所
联 系 人：孙君明　　　　**电话**：010-82105805

齐黄34

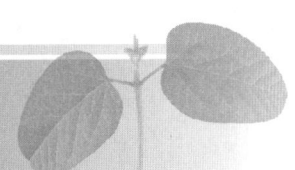

品种来源

山东省农业科学院作物研究所用诱处四号×86573-16选育而成的普通型夏大豆品种。审定编号为鲁农审2012026号，国审豆2013009，苏审豆2015005，国审豆20180020，苏审豆20180004，黔审豆20200003。

特征特性

普通型夏大豆品种，黄淮海夏播生育期平均108天，与对照邯豆5号相当。株型半收敛，该品种为有限结荚习性。株高69cm，主茎15节，有效分枝1个，底荚高度21cm，单株有效荚数32个，单株粒数69粒，单株粒重19g，百粒重27g。卵圆叶，白花，棕毛。籽粒圆形，种皮黄色、无光，种脐黑色。粗蛋白含量42.58%，粗脂肪含量19.97%。接种鉴定，中感花叶病毒病3号和7号株系，高感孢囊线虫病1号生理小种。

图1-87 齐黄34

技术要点

选择前两茬未种过豆类作物的田块种植。一般在6月上中旬，播前晒种1~2天。每公顷用种90kg左右，每公顷留苗15万~21万株。基肥每公顷施尿素98kg、磷酸二铵98kg、硫酸钾90kg，花期视苗情每公顷追施尿素98kg，鼓粒后期可喷施磷酸二氢钾。

适宜区域

适宜北京、天津、河北中部和东南部、山东中北部、河南东北部及陕西关中平原地区、江苏大豆区和贵州大豆种植区域种植。

注意事项

播前使用土壤杀虫剂防治地下害虫，播后及时防病治虫除草。注意抗旱排涝，花荚期保持土壤湿润。孢囊线虫病发病和花叶病毒病重发区慎用。

技术来源：山东省农业科学院作物研究所

联系人：徐冉　　　　**电话**：0531-83179348

冀豆12

品种来源

河北省农林科学院粮油作物研究所用油83-14/晋大7826选育而成的大豆品种。审定编号为冀1996-3，国审豆2001001，国审豆2003017。

特征特性

在河北夏播生育期95天左右，属中早熟品种。该品种为有限结荚习性，株高70cm，底荚高15cm，具有短分枝3个左右，株型呈现塔形结构，上部叶柄直立、中上部叶片上举，光能利用率高，圆叶片，紫色，灰毛。椭圆粒，种皮黄色，黄脐，百粒重22～27g，比冀豆7号等推广品种高5～7g。根系发达，茎秆粗壮抗倒伏。蛋白质含量46.48%，脂肪含量17.07%。高抗病毒病、抗孢囊线虫病、抗旱、耐涝。

图1-88 冀豆12

技术要点

夏播期在6月中下旬为宜，春播期在5月上中旬。机播播量每公顷75～90kg，人工点播每公顷60kg左右。肥力较好地块公顷保苗数23万株左右，肥力较低的沙土地公顷保苗数30万株。特殊干旱年份注意抗旱。开花期结合浇水每公顷追施尿素163～228kg。

适宜区域

适宜山东胶东半岛、河北和山西中南部地区种植。

注意事项

苗期注意蹲苗防倒。结荚、鼓粒期要注意抗旱、排涝，及时除草，注意防治病虫害，及时收获。

技术来源：河北省农林科学院粮油作物研究所
联 系 人：杨春燕　　　　电话：0311-87670653

中黄37

品种来源

中国农业科学院作物科学研究所以95B020×早熟18选育的大豆种子。品种审定编号为国审豆2006003，皖豆2010003，国审豆2011007，国审豆2015007。

特征特性

普通型夏大豆品种，黄淮海夏播生育期平均105天，与对照邯豆5号相当。株型收敛，该品种为有限结荚习性。株高74cm，主茎15节，有效分枝3个，底荚高度13cm，单株有效荚数39个，单株粒数76粒，单株粒重20g，百粒重27g。卵圆叶，白花，灰毛。籽粒椭圆形，种皮黄色、无光，种脐褐色。籽粒粗蛋白含量42.66%，粗脂肪含量20.11%。接种鉴定，抗花叶病毒3号株系，中抗花叶病毒7号株系，高感孢囊线虫病1号生理小种。

技术要点

一般6月中下旬播种，条播行距40~50cm。每公顷种植密度高肥力地块18万~20万株，中等肥力地块21万~23万株，低肥力地块24万~27万株。每公顷施腐熟有机肥30~45t，氮磷钾三元复合肥225kg或磷酸二铵150kg作基肥，初花期追施三元复合肥150kg。

图1-89 中黄37

适宜区域

适宜北京、天津、河北中部、山东北部和西南部、河南东南部和江苏、安徽两省淮河以北地区夏播种植。

注意事项

孢囊线虫病易发区慎用。

技术来源：中国农业科学院作物科学研究所

联 系 人：闫淑荣　　　　**电话**：010-82108784

菏豆 19

品种来源

山东省菏泽市农业科学院选育,以郑交 9001×日本黑豆选育而成的大豆品种。品种审定编号为国审豆 2010010,鲁农审 2010022 号。

特征特性

该品种生育期 105 天,株型收敛,该品种为有限结荚习性。株高 67cm,主茎 14 节,有效分枝 1 个。单株有效荚数 32 个,单株粒数 75 粒,单株粒重 17g,百粒重 23g。卵圆叶,紫花,灰毛。籽粒椭圆形,种皮黄色、无光,种脐深褐色。粗蛋白含量 41.88%,粗脂肪含量 19.65%。接种鉴定,中感花叶病毒病 3 号株系,感花叶病毒病 7 号株系,高感孢囊线虫病 1 号生理小种。

图 1-90 菏豆 19

技术要点

6 月上中旬播种,每亩种植密度 1.5 万～2 万株。基肥以有机肥为主,化肥为辅,并适量补充微量元素,每公顷可施农家肥 3 万 kg、磷酸二铵 150kg、硫酸锌和硼砂各 15kg。对未施用基肥的地块,初花期可结合浇水每公顷追施磷酸二铵 150～225kg,硫酸钾 75～112.5kg。在花荚期结合防病治虫害叶面喷施硼、锌、钼微量元素 1～3 次。

适宜区域

适宜山东南部、河南南部、江苏和安徽两省淮河以北地区夏播种植。

注意事项

孢囊线虫病易发区慎用。

技术来源:菏泽市农业科学院
联系人:王秋玲　　电话:13583095596

郑 1307

品种来源

河南省农业科学院经济作物研究所、河南生物育种中心有限公司选育。以郑 9805 为母本，周豆 23 为父本进行有性杂交，采用系谱法经多年鉴定选育而成。品种审定编号为豫审豆 20190012、国审豆 20190018。

特征特性

生育期 104 天，该品种为有限结荚习性，株型收敛。株高 81cm，主茎节数 18 个，有效分枝 2 个，底荚高度 18cm，单株有效荚数 51 个，单株粒数 105 粒，百粒重 18g。苗期胚轴紫色，卵圆叶，叶绿色，紫花，灰毛，荚皮深褐色，荚呈弯镰形，圆粒，种皮黄色，有光泽，褐脐，子叶黄色，成熟时落叶性好，不裂荚。平均蛋白质（干基）42.39%，脂肪（干基）20.50%。对大豆花叶病毒株系 SC3 和 SC7 均表现抗病。

图 1-91　郑 1307

技术要点

选择土壤肥力高、排灌条件好、有机质含量高的地块，6 月中下旬播种，公顷保苗 21 万株左右。播种时每公顷施腐殖酸类复合肥 150~225kg，种肥分层。及时收获。

适宜地区

适宜黄淮南片和河南省全省夏播种植。

注意事项

幼苗期注意防治甜菜夜蛾和根腐病，分枝期重点防治蚜虫、粉虱等刺吸式害虫，开花结荚期防治食心虫和椿象等。开花期和鼓粒期保证土壤墒情。

技术来源：河南省农业科学院经济作物研究所
联 系 人：武永康　　　　**电话**：18137811872

郑1311

品种来源

河南省农业科学院经济作物研究所、河南生物育种中心有限公司选育。以郑9805为母本,大豆品系漯F20-3为父本,经有性杂交,系谱法选育而成。品种审定编号为豫审豆20190006,国审豆20190023、20200032。

特征特性

黄淮海夏大豆品种,夏播生育期110天,该品种为有限结荚习性,株型收敛。平均株高84cm,底荚高度24cm,主茎节数17个,有效分枝2个,单株有效荚数54个,百粒重18g。苗期胚轴紫色,卵圆叶,叶绿色,紫花,灰毛,荚皮深褐色,荚呈弯镰形,圆粒,种皮黄色,有光泽,淡褐脐,子叶黄色,成熟时落叶性好,不裂荚。平均蛋白质(干基)含量44.01%,粗脂肪(干基)含量19.75%。对大豆花叶病毒株系SC3表现中感、对SC7表现中感。

图1-92 郑1311

技术要点

选择排灌条件好、有机质含量高的地块,6月15—25日适墒播种,公顷保苗19万~21万株。播种时每公顷施腐殖酸类复合肥150~225kg,种肥分层。

适宜地区

适宜河北南部、山东中部、陕西关中平原地区以及河南全省夏播种植。

注意事项

幼苗期注意防治甜菜夜蛾,分枝期重点防治蚜虫、粉虱等刺吸式害虫,开花结荚期防治食心虫和椿象等。开花期和鼓粒期保证土壤墒情。

技术来源:河南省农业科学院经济作物研究所
联系人:武永康　　　　　**电话**:18137811872

长江流域大豆主栽品种

油 6019

品种来源

中国农业科学院油料作物研究所选育。以中豆32为母本,郑8516为父本有性杂交,采用系谱法经多年鉴定选育而成。品种审定编号为国审豆20180029。

特征特性

长江流域出苗至成熟102天,属早中熟夏大豆品种。株型收敛,该品种为有限结荚习性。株高65cm,主茎14节,有效分枝4个,底荚高度16cm,单株有效荚数43个,单株粒数91粒,单株粒重22g,百粒重24g。椭圆叶,白花,灰毛。籽粒椭圆形,种皮黄色无光,种脐浅褐色。籽粒粗蛋白含量42.55%,粗脂肪含量20.91%。人工接种鉴定,中抗花叶病毒病3号株系,中感花叶病毒病7号株系。

技术要点

6月上中旬播种,行距50cm,株距10~13cm。每公顷种植密度:高肥力地15万株,中等肥力地18万株,低肥力地21万株。每公顷施氮磷钾三元复合肥450kg作基肥,花荚期公顷追施尿素75kg。

适宜地区

适宜湖北、重庆、安徽南部、江西北部、陕西南部地区夏播种植。

注意事项

接油菜茬种植,适时早播,初花期可根据长势喷施多效唑化控。

图1-93 油6019

技术来源:中国农业科学院油料作物研究所
联 系 人:陈海峰　　　　　电话:18672959732

中豆46

品种来源

中国农业科学院油料作物研究所选育。以NF156为母本，辽00128-1为父本有性杂交，采用系谱法经多年鉴定选育而成。品种审定编号为国审豆20200040。

特征特性

长江流域出苗至成熟98天，属中晚熟高蛋白春大豆品种。株型收敛，该品种为有限结荚习性，椭圆叶，白花，灰毛。株高50cm，底荚高度15cm，主茎节数11个，分枝数1个，单株有效荚数19个，单株粒数35个，单株粒重8g，百粒重25g，完全粒率91.1%。籽粒圆形，种皮和子叶黄色，种脐淡褐色。籽粒粗蛋白含量46.67%、粗脂肪含量18.85%。人工接种鉴定，抗大豆花叶病毒流行株系SC3和SC7。耐密植、抗倒伏，适宜机械化生产。

技术要点

3月下旬至4月初播种，行距40cm，株距8~10cm。每公顷种植密度：高肥力地24万株，中等肥力地27万株，低肥力地30万株。每公顷施氮磷钾三元复合肥375kg作基肥，花荚期追施尿素75kg。

适宜地区

适宜湖北中东部、湖南东北部、重庆、江苏南京、四川平坝和丘陵地区春播种植。

注意事项

注意密植，及时收获。

图1-94 中豆46

技术来源：中国农业科学院油料作物研究所
联 系 人：杨中路　　　　电话：15072463289

大豆密植栽培技术模式

半矮秆大豆窄行密植种植模式

技术目标

该技术在选择矮秆、半矮秆耐密植大豆品种基础上，采用窄行、密植种植方式，构建合理群体结构，提高土壤利用效率；增加冠层叶面指数，提高光和利用效率，增加干物质的积累，靠群体有效提高大豆单产；大豆生育期间采取少耕措施，降低生产成本，实现大豆的高产、高效。保苗密度较常规垄作增加30%以上，产量较常规垄作增加15%以上，是一项全新的大豆高产、高效栽培技术措施。

技术要点

(1) 整地：秋整地。没有深翻地或深松整地基础的地块，每3年要深翻或浅翻深松1次，黑土层深的地块翻深达到22cm以上；黑土层浅的地块采用浅翻深松整地方式，翻深0~18cm，深松深度30~35cm；有深翻、深松整地基础地块，可采取联合整地作业方式。

(2) 品种选择与播种：选择优质、高产的耐密植矮秆或半矮秆，并适合当地积温带种植的品种。当土壤5cm深处地温稳定通过7~8℃时进行播种，播法是用窄行专用大豆播种机20~30cm窄行平播，或45cm双行平播，小行距12cm，公顷播种密度40万~50万株。

(3) 施肥：窄行密植种植方式由于群体密度较常规垄作增加，因此，施肥量也要增加，具体用量做到在测土基础上平衡施肥；施肥方式采用分层施肥，第一层在种侧下5~7cm，第二层在种侧下12~14cm。

(4) 田间管理：化学除草采用播后苗前土壤处理与苗后茎叶处理结合方式；苗前土壤处理，用乙草胺或异丙甲草胺与噻酚磺隆等药剂混用；苗后茎叶处理，在大豆1.5~3片复叶期，杂草2~4叶期施药。防除禾本科杂草用精喹禾灵、精吡氟禾草灵，或高效氟吡甲禾灵或烯草酮等，防除阔叶杂草用灭草松、异噁草松与氟磺胺草醚等混用。大豆开花至鼓粒期发生干旱时，可进行浇灌；如密度过大或肥水条件好导致旺长，应进行化控。根据不同区域病虫害发生特点，做好病虫害综合防控。

(5) 农艺程序：前茬作物机械收获（秸秆移除或粉碎抛撒）→秋季秋翻或秋深松整地→春季平播窄行大豆→镇压→化学除草→病虫害防控→秋季机械收获、秸秆粉碎抛撒→联合整地整地→翌年春季播种玉米。

适宜范围

黑龙江省东部和中部地区。

注意事项

（1）品种选择。选择秆强、耐密植的矮秆、半矮秆专用大豆品种；常规垄作品种由于植株高大、易倒伏，不适用窄行密植种植方式。

（2）播种密度。根据品种耐密植程度、土壤肥力、播种行距及区域降雨量等因素确定适宜种植密度，避免盲目增加密度、造成倒伏，影响大豆产量和品质。

（3）田间管理。大豆生育期间采用少免耕措施；由于种植密度增加，生育期间冠层郁闭偏重，注意防控大豆菌核病等病虫害。

技术来源：黑龙江省农业科学院佳木斯分院
联 系 人：张敬涛   **电话**：0454-8351081

窄行大豆保护性耕作技术模式

技术目标

该技术以大豆高产高效可持续生产为目的，以大豆窄行密植（19～50cm）为核心，应用半矮秆、耐密植高产大豆专用品种，合理配置个体与群体结构，提高光能利用率，实现大豆群体增产；以秸秆还田、免（少）耕播种为主要措施，培肥地力，提高土地经济、生态效益，降低大豆生产成本，实现大豆生产的可持续发展。

技术要点

（1）整地：应用窄行密植大豆保护性耕作前1～2年，采用深翻（25cm）或超深松（35～45cm）整地，为下一年应用少免耕技术种植大豆打好基础。干旱及半干旱区，采用全量秸秆地表覆盖还田免耕播种，播种前不整地，在原茬上直接播种大豆。低湿易涝地区，在前茬作物收获时，作物秸秆直接粉碎还田，秋季耙茬整地或联合深松整地达到待播状态。

（2）品种选择：选择熟期适宜、半矮秆、耐密植、高产、优质、抗逆性强的专用大豆品种。

（3）播种与施肥：选用窄行免耕专用播种机（如约翰·迪尔、大平原、WHITE、2BMFJ等）一次完成播种、施肥、覆土、镇压等作业。平作播种行距19～38cm或25～50cm。半矮秆品种保苗40万～45万株/hm^2，中秆品种35万～40万株/hm^2。底肥和种肥在播种时施入，施肥部位在种下侧5～10cm。

（4）田间管理：平作免耕耕作在大豆生育期间免中耕。化学除草采用苗前土壤封闭与苗后茎叶处理两次施药，苗前土壤封闭在大豆播后3天内施药，在常规配方基础上应混配农达等药剂，防除已出苗的早春性杂草；茎叶处理在大豆2～3片复叶期，阔叶杂草5cm以下，禾本科杂草3～4叶期施药。根据当地病虫害发生的特点，提前做好病虫害预防，并注意特殊年份病虫害防治。

（5）农艺程序：前茬作物机械收获（秸秆粉碎抛撒）→免耕（或低湿易涝区秋耙茬或联合深松整地）→春季免耕播种窄行大豆→化学除草→病虫害防控→秋季机械收获、秸秆粉碎抛撒→翌年春季播种玉米。

适宜范围

东北地区三江平原。

注意事项

（1）春季易涝区不建议应用免耕全量秸秆覆盖保护性耕作模式。

（2）前茬作物收获后留茬过高，秸秆粉碎达不到要求时，采用秸秆粉碎还田机进行一次秸秆粉碎作业，秸秆粉碎长度在15cm以下。

（3）为减少农田土壤压实，要求播种、喷药、收获等机械作业幅配套，保证农业机械田间行走轨迹一致。

技术来源：黑龙江省农业科学院佳木斯分院

联 系 人：张敬涛　蔡丽君　　　**电话**：0454-8351081

大垄窄行大豆栽培技术模式

技术目标

大垄窄行大豆栽培技术模式是窄行密植种植模式的一种方式,技术上打破了传统的"宽行种植"的思维定式,应用半矮秆耐密植大豆专用品种为基础,吸收传统垄作栽培技术优点,通过缩小行距、合理增加群体保苗密度,实现植株在田间均匀分布,提高光能利用效率,增加大豆群体产量。

技术要点

(1) 整地与起垄:秋整地、秋起垄,每3年进行1次深翻或(超)深松,深翻深度25cm以上,(超)深松40cm以上;130cm大垄起垄要求:台上宽90cm,台高16cm;110cm大垄起垄要求:台上宽70cm,台高20cm。

(2) 品种选择:选择秆强、耐密植的优质、高产、抗逆的大豆品种。

(3) 播种与密度:5cm土层温度稳定通过7~8℃时播种,选用大垄窄行专用播种机播种,130cm大垄播种3行或4行,110cm大垄播种2行或3行;常规耐密植品种保苗35万~40万株/hm²,半矮秆耐密品种保苗40万~45万株/hm²。

(4) 施肥:要做到测土配方施肥;施肥方式分层施肥,第一层将化肥总量60%~70%,深度到14~16cm,第二层将化肥总量30%~40%施入种侧下5~7cm,种5~7cm。在大豆生育期间叶面追肥1~2次。

(5) 田间管理:大豆播种后适时喷施土壤封闭除草剂,大豆2~3片复叶期,杂草3~5叶期,喷施苗后除草剂;大豆苗期垄沟深松1~2次;大豆3片复叶至封垄前如旺长,要根据长势化控1~2次;根据当地病虫害发生的特点,做好病虫害的防控。

(6) 作业流程:前茬作物机械收获→秸秆粉碎还田→秋季秋翻起垄施肥镇压→春季播种→化学除草→田间管理(病虫防控、化学调控等)→秋季机械收获大豆。

适宜范围

三江平原东部地区。

注意事项

(1) 品种是技术的关键,必须选择秆强、耐密性好的大豆品种,合理密植,避免倒伏影响大豆产量和品质。

(2) 根据大豆长势,及时采取化学调控措施,构建高产冠层结构。

（3）化学除草要苗前土壤封闭与苗后茎叶处理相结合，并根据实际杂草群落选择适宜的药剂、用量及施用方式方法。

技术来源：黑龙江省农业科学院佳木斯分院
联 系 人：张敬涛　盖志佳　　电话：0454-8351081

南方大豆密植综防栽培技术模式

技术目标

该技术通过密植，优化大豆植株群体布局，提高光能利用率、增加干物质积累，提高大豆产量；同时结合化学除草和病虫害综合防控，降低劳动力成本、减少病虫害损失，最终实现增产增效目标。南方大豆密植综防栽培技术是提高长江流域大豆生产效益和供给能力的有效栽培措施。

技术要点

（1）整地：灭茬直播，足墒精播，深浅一致。

（2）品种：选择高产耐密植主推品种。

（3）播种与施肥：油菜或小麦收获后尽早播种，春大豆播种密度 30.0 万～37.5 万株/hm^2，夏大豆播种密度 25.5 万～30.0 万株/hm^2。播种前采用苯醚甲环唑（5％）＋吡唑醚菌酯（2.4％）种子包衣或拌种王、迈舒平等拌种，预防病虫侵害和低温多雨导致烂种。基肥施用氮磷钾三元复合肥 15～25kg/亩或有机肥 500kg/亩；根据长势初花期追施尿素 5～10kg/亩，花荚期结合治虫喷施叶面肥 1～2 次。叶面肥亩施磷酸二氢钾 150g，钼酸铵 25g，硼砂 100g，尿素 0.5～0.75kg 兑水 50～75kg，下午 4 点后喷洒叶面。

（4）田间管理：播种后出苗前用 50％乙草胺 100～130mL 兑水 50kg/亩，喷洒田块封闭除草，3 片复叶期亩用 24％g 阔乐 30mL＋24％盖草能乳油 15mL 喷施除草。出苗期大田喷洒"鼠兔鸟禽一闻避"药剂，防鼠兔鸟等危害，保证全苗壮苗。初花期根据长势可叶面喷施 180mg/L 多效唑（50L/亩）调整株型，增花保荚。花荚期亩用 3％啶虫咪乳油 15～20mL 喷雾防治蚜虫，预防花叶病毒病传播流行。

（5）农艺程序：油菜或小麦机械收获（秸秆移除或粉碎抛撒）→夏播大豆→化学除草→中耕管理→秋季机械收获→深松整地，播种油菜或小麦。

适宜范围

陕西南部、重庆、湖北中东部、湖南东北部、安徽南部、江西北部、江苏中南部等区域。

注意事项

（1）播种时期。一般在 5 月中下旬至 6 月上旬播种；土壤墒情较差时适当深播，土壤墒情较好时宜浅播。

（2）干旱和药害防范。开花结荚期和鼓粒期遇高温干旱应及时灌溉，减少落花落荚，稳定产量。除草剂严格遵循用量要求施用，出现药害可亩施0.0002%羟烯腺30mL＋多元素叶面肥20mL兑水13kg喷施缓解。

（3）病虫害防治。干旱年份虫害较重，雨水较多年份病害较重，需及时田间调查防治，减少对大豆产量和品质的影响。

技术来源：中国农业科学院油料作物研究所

联 系 人：杨中路 15072463289；陈海峰 18672959732；黄毅 13886068552

大豆大垄栽培种植技术模式

望奎县大豆 110cm 垄上双行栽培技术

技术目标

该技术是在合理轮作基础上应用大型机械整地作业，创造疏松、细碎的大垄播种环境，利用宽窄行模式栽培，促进大豆生长发育，达到增产增收的目的。该技术较常规垄作能够增产 20% 左右，是提高大豆种植效益的有效栽培技术措施。

该技术全程大型机械配套作业，从整地播种、中耕管理至大豆收获全程应用配套的大型机械作业，在保证作业质量的同时减少成本投入，体现了先进的农业技术和现代化大型农机农具完美的结合。

技术要点

（1）合理调茬、整地：

1）合理轮作，不重茬，不迎茬。选择耕层深厚、土壤肥沃、地势平坦的玉米、马铃薯地块种植大豆。

2）应用大型机械翻、旋、松交替作业，有效改善土壤水肥气热等理化性状。做到 3 年翻、旋、深松 1 次。

3）秸秆还田。实施秸秆粉碎均匀还田，提升土壤有机质、降低土壤容重。

（2）大垄栽培、合理密植：垄距由常规栽培的 65～70cm 增加至 110cm，采用垄上双行栽培，形成垄上行距 45cm，垄间 65cm 的宽窄行模式栽培，有效改善和增加田间植株的通风、透光状况，实现扩源、强流、增库的良性田间态势。增加大豆产量。应用优质、高产、抗逆、耐密品种，合理增加种植密度，公顷保苗在 25 万～33 万株之间，比垄三栽培增加 2 万～3 万株，为大豆群体增产奠定基础。

（3）精选优良品种：

1）按着本地积温和生态类型，选择经审定推广的、熟期适宜的高产、优质、抗逆性强且优质的大豆品种。目前适宜当地的品种有绥农 42、绥农 52、绥农 82、合农 85、黑农 84 等。

2）播种前进行机械精选或人工粒选，剔除病斑粒、虫蚀粒、破瓣粒和杂质，质量达到种子分级标准二级以上，保证大豆出苗率。

3）播种前进行种子处理。用大豆种衣剂拌种，避免白籽下地，有效防治地下害虫及苗期土传病害。

4）适时播种。当地温稳定通过 7～8℃ 时适时早播，确保大豆播在墒情最佳时期。

(4) 科学施肥：

1) 增施农肥，有效增加土壤有机质。每亩施用优质农肥 $1.5m^3$，结合整地一次性施入。

2) 应用测土配方施肥技术，调优化学肥料施用结构。根据土壤测定结果，确定合理的配方肥料。望奎县大豆施肥配方是底肥亩施磷酸二铵 15～17.5kg、硫酸钾 5～7.5kg、尿素 2.5kg 或 22.5kg 氮磷钾三元复合肥。

3) 初花期可根据土壤肥力及大豆长势情况喷施叶面肥或化控剂。在大豆生育期内喷施磷酸二氢钾等叶面肥 3 次，促进大豆生长发育。

(5) 科学管理：

1) 化学除草：苗前除草：于播后苗前每亩施 90％乙草胺 125～150g＋75％噻酚磺隆 2.5～3g/亩，兑水 80～120 斤均匀喷于土壤表面。苗后除草：于大豆苗后 3～5 叶期，每亩用 5％精喹禾灵 80～100g＋25％氟磺胺草醚 100～120g＋48％苯达松 150～200g（刺菜等）80～120 斤水/亩 或 36％松·喹·氟磺胺 100～150g/亩（三元合剂）80～120 斤水/亩、或精喹禾灵 100～125g＋2.5％氟磺胺草醚 100～125g（40％苯达松 200g/亩）。

2) 适时中耕：趟蒙头土：在子叶刚拱土，大部分子叶尚未展开时进行。用机引铲趟机趟地．将松土蒙在垄上，厚 2cm。能消灭杂草。铲前趟一犁：平作、垄作均可采用。在豆苗罩垄时进行，松土除草、增温放寒。当大豆长出 6～8 片复叶时，进行最后一次铲趟，要深趟，趟成大垄能接蓄雨水，抗旱防涝。

3) 及时防治病虫害：适时防治大豆蚜虫、红蜘蛛、蓟马、大豆食心虫、大豆灰斑病、霜霉病、菌核病等病虫害。

(6) 收获及脱粒：

1) 适时收获。大豆全部落叶时及时机械收获，减少炸荚和籽粒破碎。收获不宜过晚。

2）收割质量。割茬低，不留荚，专用的品种单收、单运、单脱粒、单贮藏。收割损失率小于1%，脱粒损失率小于2%，破碎率小于1%，泥花脸率小于5%，清洁率大于95%，产品质量符合大豆收购质量标准三等以上。

适宜范围

黑龙江省望奎县及周边垄作地区。

技术来源：黑龙江省农业科学院绥化分院
联 系 人：景玉良　　　　**电话**：0455-8398739

东北春大豆宽台大垄匀密高产栽培技术

技术目标

该技术以"宽台大垄"为载体,选用耐密、抗倒、高产大豆品种,采取抗旱保墒土壤耕作技术、群体调控技术和安全高效集约施肥技术,为大豆生长发育和构建合理群体结构创造良好的水、热、光、肥环境,较常规栽培技术增产7%以上,且稳产性非常好。

技术要点

(1) 地块选择:选择前茬为禾谷类作物地块。适宜种大豆的前茬作物包括玉米、春小麦、高粱、谷子、马铃薯、亚麻等,忌重茬和迎茬,不适宜种大豆的前茬作物包括荞麦、甜菜、向日葵、油菜等。选用地势平坦、土壤疏松、肥力较高、前茬未使用对大豆有害的长效除草剂的地块。如前茬施用过含氯磺隆、甲磺隆成分的除草剂如麦草宁、麦草灵,以及玉米种植过程中施用的阿特拉津均对后作大豆影响较大。

(2) 整地:①整地时期,宜秋季整地、起垄;不能实现秋整地的地块在土壤化冻18~20cm时要进行整地。②整地方式,秋整地,无深松、深翻基础的地块,应采用伏秋直接深松或深翻,松耙结合或翻耙结合,深松深度要达到25cm以上,深翻深度20cm以上,耙深12~15cm;有深翻深松基础的地块,应进行秋耙茬。春整地,前茬垄形好且有深松基础的地块,可采用原垄卡播的方式;垄形不好且有深松基础的地块,应采用耙茬整地。最好秋起垄,垄距110cm,垄向直、无大坷垃,有座犁土,百米弯曲度不大于5cm,结合垄偏差小于±3cm,垄高达到18~20cm,垄面宽度在60~70cm,不出现开口垄。地头起落整齐,出入犁一致,到头到边。深翻要做到无漏耕、无立垡、无坷垃($1m^2$耕层内最大外径尺寸大于5cm的土块不得超过5个);整地要求做到耙碎耙透,不重不漏,到头到边,不留死角。

(3) 种子选择及处理:①品种选择,选择高产、优质、抗病、适应性强、耐密植、适合于机械化栽培、适合本区域种植的品种。播前采用机械精选,剔除破瓣、病斑粒、虫蚀粒、青秕粒和其他杂质。选后的种子要求大小整齐一致,无病粒,净度99%以上,芽率95%以上,含水量不高于12%。②根瘤菌拌种,采用大豆根瘤菌剂进行拌种,具体拌种方法和比例按购买根瘤菌产品说明进行。③一次药剂拌种防治多种病虫害,采用600g/L吡虫啉悬浮剂200g,或70%噻虫嗪种子处理可分散粉剂200g,或70%吡虫啉种子处理可分散粉剂300g处理

100kg种子,可有效防治地下害虫(蛴螬)、大豆蚜虫、二斑萤叶甲和大豆病毒病。④种衣剂包衣,种子包衣能有效地防止大豆苗期病虫害,如第一代大豆孢囊线虫、根腐病、根潜蝇、蚜虫、二条叶甲等,并促进大豆幼苗生长,增产效果显著。种子经销部门一般使用种子包衣机械进行统一包衣,以供给包衣种子。如果买不到包衣种子,农户也可购买种衣剂进行人工包衣,可根据产品说明进行。

(4)施肥:①施肥总量,一般氮、磷、钾可按1:(1.1~1.5):(0.5~0.8)的比例,总施肥量每亩15~20kg。②种肥,播种时,每亩地施用2~3kg磷酸氢二铵作为种肥,切忌种、肥同位,以免烧种。③底肥,总施肥量中扣除种肥作为底肥。底肥要做到分层侧深施,上层施于种下5~7cm处,施肥量占底肥量的1/3。下层施于种下10~12cm处,肥量占底肥量的2/3(积温较低冷凉地区,适当减少下层施肥比例)。在采取减肥措施如混拌肥料增效剂情况下,肥料商品量可在常规施肥的基础上减少25%用量。④追肥,依据大豆生育时期、营养特性和营养状态选择叶面肥种类。一般苗期喷施氨基酸叶面肥、适量的含氮叶面肥,开花结荚期叶面喷施含氨基酸、磷、钾、硼、锌、钼等大、微量元素叶面肥,鼓粒期叶面喷施含磷、钾、硼、钼等营养元素的叶面肥。生产中可依据购买叶面肥使用说明进行。或依据生产经验,在初花期、结荚始期可施用尿素,结荚始期和鼓粒始期喷施磷酸二氢钾,用量一般每公顷用尿素3~7.5kg、磷酸二氢钾1.5~3.0kg,每公顷喷液量120~200L。

(5)播种:①播种时期,一般5cm地温稳定通过8℃时开始播种。②播种方法,采用宽台大垄匀密栽培技术种植,及时镇压,垄上3~4行。垄上四行,1~2、3~4行间距10~12cm,2~3行间距24cm;垄上三行的,行距在22.5~25cm,中间一行比边行降密1/4~1/3。种子应播到湿土层,播深控制在镇压后3~5cm为宜。要求覆土薄厚一致,利于全苗、齐苗。播种时要求播量准确,正负误差不超过1%,百米偏差不超过5cm,播到头、播到边。③播种密度,保苗株数建议黑龙江省南部30万~32万株;中部33万~35万株;北部36万~38万株。具体播量依据品种的耐密性、土壤肥力、施肥量、降雨及灌溉情况适当调整。

(6)田间管理:大豆生育期间进行2~3遍中耕,应在土壤墒情适宜时进行。第一遍中耕(深松垄沟)带双杆尺,在大豆1~2片复叶时第一遍中耕进行,深度在25cm以上,条件允许的可达30cm以上。深松杆尺两侧配带碎土装置,切碎大土块,同时弥合深松后留下的缝隙,达到既防寒增温又保墒的作用。第二、第三遍中耕选择双杆尺、起垄铧、挡土板,起到散土、灭草、培土作用。

(7)化学调控:如预期大豆花荚期降水量充沛,应提前在开花初期选用化控剂进行调控，控制大豆徒长，调整株型，防止后期倒伏。常用的大豆化控剂有三碘苯甲酸、增产灵、多效唑、亚硫酸氢钠等，可按说明书使用。

（8）化学除草：①土壤封闭处理，根据主要杂草种类选择安全、高效、低毒的除草剂进行化学除草，禁止使用长残效除草剂。同时在春季干旱区宜采取苗后除草，土壤墒情好的地区宜采取土壤封闭处理的方式施药。注意苗前封闭除草避免拱土期施药，易产生药害。多数杂草已出土时施药，防效低。禁止使用长残效除草剂。通常选择的苗前封闭除草剂主要有乙草胺、氯嘧磺隆、2，4-D丁酯等，按说明书施药。②苗后茎叶处理，在大豆出苗后1～2片复叶期，杂草2～4叶期，防除禾本科杂草除草剂进行苗后叶面喷雾处理。一次除草效果不好地区要进行二次茎叶拿大草。茎叶除草过早草不齐，除草过晚药害和抗药性严重，施药最晚不能晚于大豆3片复叶期，特殊情况下也可在初花期除草。通常选择的苗后除草剂主要有虎威、苯达松、克阔乐等，按说明书施药。

（9）病虫害防治：①防治原则，以农业防治、物理防治、生物防治为主，化学防治为辅。通过选用抗病品种，轮作倒茬，培育壮苗，精耕细作等农业措施；利用灯光、颜色诱杀、机械人工捕捉害虫等物理措施；选用低毒生物农药，释放天敌等生物措施；有限度并有针对性地使用部分化学合成农药。②大豆孢囊线虫，农业防治采用抗病品种和合理轮作等措施进行防治；和玉米、小麦轮作可采用生物制剂进行生物防治；采用种衣剂拌种进行防治。③大豆根腐病，播深不大于5cm，减轻大豆根腐病发生；可用种衣剂拌种进行防治。④蚜虫，在苗期可用35%伏杀磷喷雾，效果良好而不影响田地。出现点片危害时，即当20%的大豆植株每株有蚜虫10头时，可选择2.5%的敌杀死乳油、5%来福灵乳油等化学药剂防治防治。⑤食心虫，在测报基础上，成虫盛发期采用农药防治。选择用2.5%功夫乳油或其他菊酯类杀虫剂，用背负式喷雾器将喷头朝上从豆根部向上喷，使下部枝叶和顶部叶片背面着药。

（10）收获：①收获原则，实行分品种单独收获，单储，单运。②收获时期，人工收获，落叶达90%时进行；机械联合收割，叶片全部落净、豆粒归圆时进行。③收获质量，割茬低，不留荚，割茬高度以不留底荚为准，一般为5～6cm。收割损失率小于1%，脱粒损失率小于2%，破碎率小于5%，泥花脸率小于5%，清洁率大于95%。

适宜范围

黑龙江省及周边垄作地区。

注意事项

（1）尽量选用地势平坦、土壤疏松、地面干净、较肥沃的地块。前茬作物以禾谷类或非豆科类作物为宜，忌重茬和迎茬。

（2）注意避免前茬药害，如前茬施用过含氯磺隆、甲磺隆成分的除草剂如麦草宁、麦草灵等，则后茬不能种植大豆。而实际生产中经常出现前茬玉米施用阿特拉津对后作大豆产生药害现象，如果用量小，大豆出苗后发现药害症状，可以及早喷施萘胺、碧护等药剂缓解。

技术来源：黑龙江八一农垦大学农学院
联 系 人：张玉先　　　　　电话：0459-6819181

大豆大垄滴灌栽培技术

技术目标

该技术是在轮作基础上通过前茬作物秸秆处理和整地,创造疏松、细碎的大垄播种环境,并利用滴灌节水、增产的优势,促进大豆生长发育,达到增产增收的目的,该技术较常规垄作能够增产20%左右,是提高大豆种植效益的有效栽培技术措施。

技术要点

(1) 整地:前茬作物秸秆还田的地块,伏秋进行秸秆粉碎,均匀覆盖地表,秸秆长度不大于10cm,根茬高度不大于10cm;秸秆粉碎后进行翻地起垄,翻地深度30cm。秸秆离田的地块,伏秋深松耙茬、起垄,深松深度25cm以上。作业完成后垄距110cm,垄面宽度为70~80cm,垄高12~15cm。

(2) 品种选择:选择适宜当地生态条件经审定推广的抗倒伏、高产、优质大豆品种。

(3) 播种与滴灌带铺设:土壤10cm地温稳定通过7~8℃时,采用播种与滴灌带铺设一体机同时完成精量播种与滴灌带铺设作业。垄上播种2行大豆,行距40~50cm,行间铺设滴灌带。镇压后播种深度3~5cm,播深一致、均匀无断条。

(4) 施肥:化肥作为种肥时,在播种时施入,应侧深施肥,施于种子侧向5~6cm、深度为种下5~6cm和10~11cm两层,分别占种肥施用量的30%和70%。追肥可采用适量尿素和磷酸二氢钾,在大豆开花期和结荚期依据大豆长势随滴灌滴施1~2次。

(5) 滴灌方法:①播后滴灌,大豆播种后0~10cm土壤相对含水量在65%以下时,若5~7日内无有效降水,要及时滴灌,灌溉水量以20mm为宜。②苗期滴灌,0~20cm土壤相对含水量在55%~60%时,若10~14日内无有效降水,要及时滴灌,灌溉水量以20mm为宜。③分枝期至初花期滴灌,0~20cm土壤相对含水量在60%~65%时,若7~10日内无有效降水,要及时滴灌,灌溉水量以20mm为宜。④初花期至盛荚期滴灌,0~20cm土壤相对含水量在65%~70%时,若5~7日内无有效降水,要及时滴灌,灌溉水量以20mm为宜。⑤盛荚期至鼓粒末期滴灌,0~20cm土壤相对含水量在60%~65%时,若3~5日内无有效降水,要及时滴灌,灌溉水量以20mm为宜。

(6) 田间管理:①杂草防除,应选用高效、低毒、低残留对下茬作物安全的除草剂,宜采用播后封闭和苗期茎叶处理相结合的方式。播后苗前土壤封闭处理，主要控制一年生杂草，可同时消灭已出土的杂草；苗期茎叶处理，在大豆2～3片复叶期，阔叶杂草2～6叶期，禾本科杂草3～5叶期，喷施茎叶化学除草剂一次。②病虫害防治，按照不同种类病害、虫害发生的规律进行病虫害的防治，并注意特殊年份的及时防治。③中耕管理，在大豆苗期进行垄沟深松，深度25～30cm，深松后7～10日宜进行中耕培土1次。

（7）收获：在大豆成熟期采用机械收获，割茬高度以不留底荚和不出现"泥花脸"为准，损失率不大于3%。秸秆还田时，秸秆粉碎均匀抛撒，秸秆长度不大于10cm。

适宜范围

黑龙江省及周边垄作地区。

注意事项

（1）茬口选择。前茬宜选用非豆科作物茬口，地势平坦且前作未喷施对大豆有残留药害的除草剂的地块。

（2）播种时期。黑龙江省南部地区一般在5月上旬播种，中北部地区一般在5月中下旬播种。

（3）滴灌时期。根据土壤墒情，密切注意天气情况的变化，及时进行滴灌，以保证滴灌效果。

（4）机械作业要求。进行大垄滴灌模式播种的地块，伏秋整地、起大垄后要及时镇压，以达到耕层土壤细碎、疏松、地面平整，达到待播状态；深松时要掌握好深松的适宜时机，过干过湿都会影响深松的质量。

（5）病虫害防治。在干旱年份，虫害较重；在雨水较大年份病害较重，应及时查田进行防治，以减少对大豆产量和品质的影响。

（6）残带清理。大豆收获后，要及时清理残带，清理率不小于90%。

技术来源：东北农业大学农学院

联系人：董守坤　　　　　　电话：0451-55190134

大豆垄三种植技术模式

基于垄三栽培技术的大豆轻简种植模式

技术目标

该种植模式在大豆"垄三"栽培技术上实现轻简化种植,是以全机械化的深松、深施肥和精量播种三项技术为核心,在田间管理过程中结合测土配方分层施肥、无人机喷施作业、全机械化收获等技术形成的大豆轻简种植模式。该模式减少了大豆种植、管理中的人力资源消耗,实现了大豆规模化种植和规范化、轻简化管理,可以在一定程度上提高大豆整体产量,实现大豆的高产和稳产,并能够显著提高大豆的种植效益。

技术要点

(1) 整地和施肥:采取全机械化整地起垄,实行秋深松起垄和秋施底肥,根据当地土壤养分测定结果,进行配方施肥,底肥占施肥总量的70%,采取分层施肥的方法,深施肥在10~12cm,浅施肥在5~7cm,深松深度25cm以上,耙茬、深松、起垄连续作业。

(2) 品种选择:选择秆强抗倒伏、品质优异、综合经济效益较好且适合当地积温带种植的品种。

(3) 播种:当土壤10cm深处地温稳定通过7~8℃时进行播种。在65cm垄上进行双行精量播种,垄上小行距10~12cm、穴距18cm,每穴4~5株,根据品种特性选择合适的穴距和行距。播种深度以镇压后4~5cm为宜,播种、镇压连续作业,播种密度在30万~40万株/hm^2。

(4) 田间管理:播后苗前喷施封闭类除草剂,主要控制一年生杂草,可同时消灭已出土的杂草;在大豆2~3片复叶期,阔叶杂草2~6叶期,禾本科杂草3~5叶期,喷施茎叶化学除草剂1次。在大豆苗期进行垄沟深松,深度20cm以上,宜进行中耕培土2次;大豆开花期、鼓粒期至少利用无人机各喷施叶面肥1次,喷施次数可以根据生长状态适当增加1~2次,叶面肥可以根据大豆出现病害、虫害类型配合防治农药一起喷施,减少管理成本。

(5) 农艺程序:前茬作物机械收获(秸秆移除或粉碎抛撒)→秋季翻耙深松起垄→春季播种大豆→苗前苗后化学除草→中耕管理、无人机喷洒叶面肥和农药→秋季机械收获、秸秆抛撒翻埋→深松整地起垄越冬→翌年春季播种玉米或其他作物。

适宜范围

黑龙江省中南部地区。

注意事项

(1) 高质量整地。以秋整地为主,要做到耕作层土壤细碎、平整,无土块和大块秸秆残留,耕层深度均匀,作业面齐整,有条件的可以适当增加深松的深度,秋整地后起垄施肥连续作业,做到垄面平直,垄宽一致,来年春季可以直接进行播种。

(2) 播种。密切关注当地气温和地温情况,播种不宜过早或过晚。播种的量和密度要按照土壤地力和品种特性合理安排,高水肥地块宜稀植防倒,中等地力地块宜密植增加群体产量。

(3) 田间管理。按照大豆植株的生长状态配制适当的叶面肥,合理规划叶面肥和农药的喷洒种类和时间,针对田间自然条件和病虫害发生规律,应及时查田进行防治,以减少不利因素对大豆产量和品质的影响。

技术来源:黑龙江省农业科学院耕作栽培研究所
联系人:毕影东　　　　　电话:18745168527

高油大豆优质栽培技术模式

技术目标

高油大豆优质栽培技术模式以优质高油大豆品种为核心,集成"垄三"栽培中的深松、分层施肥、精量点播技术,测土配方施肥、病虫草害综合防控技术和标准化作业技术等而形成的集良种、良法、良制、良田于一身的优质栽培技术模式,本技术较常规大豆栽培技术增效10%以上。

技术要点

(1) 秸秆还田与整地:前茬作物(玉米、高粱等)收获时直接将秸秆粉碎5~10cm,均匀抛洒还田;秋季深翻或超深松整地,同时起垄、施肥,达到待播状态,要求翻地25cm,深松40cm。

(2) 品种选择:选择熟期适宜、高产、抗逆、脂肪含量22%以上的优质大豆品种。

(3) 平衡施肥:采取测土配方施肥;底肥施入化肥总量60%~70%,深度要达到14~16cm;剩余30%~40%化肥作种肥施入,深度为种侧下5~7cm;有条件时公顷施腐熟好的优质有机肥30吨;大豆花荚期叶面喷施中微量元素、腐殖酸等1~2次。

(4) 适期播种:土壤5cm土层温度稳定通过7~8℃播种。

(5) 合理密植:常规"垄三"栽培保苗密度为20万~30万株/hm^2;窄行密植栽培保苗密度30万~40万株/hm^2,遵循肥地宜希、薄地宜密的原则。

(6) 精细管理:化学除草要求播后苗前土壤处理和苗后茎叶处理相结合;大豆生育期间及时中耕2~3次;根据当地病虫害发生特点,提前进行病虫害综合防治;大豆结荚、鼓粒期如干旱,及时灌溉。

（7）作业流程：前茬作物机械收获时秸秆粉碎还田→秋季秋翻（或深松）整地→秋起垄施肥→春季播种大豆→化学除草→病虫害综合防控→秋季机械收获大豆。

适宜范围

黑龙江省三江平原地区地势平坦、排水良好的农田（地块）。

注意事项

（1）选择品种时，应同时兼顾品种脂肪含量、产量等综合性状。

（2）技术中的保苗密度应根据品种特性、土壤肥力、种植模式等确定，切忌盲目增加种植密度而导致倒伏，影响产量和品质。

技术来源：黑龙江省农业科学院佳木斯分院
联系人：张敬涛　盖志佳　　电话：0454-8351081

望奎县大豆垄三栽培技术措施

技术目标

该技术是在大豆垄三栽培技术基础上结合望奎县地域生态特点，合理轮作，应用大型机械整地作业，垄底深松，创造疏松、细碎的垄体环境；利用精量播种机实现垄体分层施肥、垄上双条精量点播，促进了大豆生长发育，达到增产增收的目的。该技术较常规栽培能够增产20%左右。该技术全程大型机械配套作业，从整地播种、中耕管理至大豆收获全程应用配套的大型机械作业，在保证作业质量的同时减少成本投入，体现了先进的农业技术和现代化大型农机农具完美的结合。

技术要点

（1）整地：

1）应用深松耕法。采用以深松为主的土壤耕整地技术，以深松为主，松、翻、耙、旋相结合。

2）深松的深度以打破犁底层为准，一般深松深度以20~30cm为宜。深松深度超过30cm，后效期可持续2~3年，因此可2~3年深松1次。

3）做到伏秋精细整地，深松起垄，垄向直，垄宽一致，耕层土壤细碎、平整，垄宽65cm。翌年春天在垄上直接播种。如果秋季来不及整地，也可在春季进行整地，但要注意保墒作业，防治垄体失水跑墒，影响出苗。

（2）品种选择：选用喜肥水、秆强抗倒的品种。播种密度依据地块、施肥水平和品种特性确定。望奎县大豆通常公顷保苗在23万~30万株。

（3）种子处理：

1）种子包衣：可用62.5g/L精甲·咯菌腈（亮盾）稀释4~7倍包衣或用30%多福克悬浮种衣剂包衣，药剂与种子之比为1∶60，可防治大豆地下害虫、孢囊线虫、苗期蚜虫和蓟马、根腐病。

2）播种期：

（a）播种时期：5月上旬，当5~10cm耕层地温稳定通过10℃时，抢墒播种。5月15日以前为适播期。

（b）播种方法：精细播种，采取精量播种机播种。

（c）严格掌握覆土深度：机械双行等距播种，小行距10~12cm；穴播机等距穴播，穴距18~20cm，每穴3~4株。土壤水分达到田间持水量的70%左右，为适播期。一般播深3~5cm，播种后要镇压。

（4）合理施肥：提倡测土配方平衡施肥，增施有机肥。做到氮、磷、钾及中、微量元素合理搭配，做到深施、分层施。第一层施在种下5～6cm处，占施肥总量的30%～40%，第二层施在种下10～15cm处，占施肥总量的60%～70%。种肥隔离，以免烧种。

1）施肥量：每亩施500kg腐熟有机肥；亩施底肥磷酸二铵10～15kg，硫酸钾2～3kg或20kg氮磷钾三元复合肥。初花期可根据土壤肥力及大豆长势情况喷施叶面或化控剂。

2）追肥采用根外追肥，初花期可根据土壤肥力及大豆长势情况喷施叶面或化控剂。在大豆生育期内喷施磷酸二氢钾等叶面肥3次，促进大豆生长发育。

（5）化学除草中耕管理：

1）化学除草：

（a）苗前除草：于播后苗前每亩施900g/L的乙草胺125～150g＋75%噻吩磺隆2.5～3g/亩，兑水80～120斤均匀喷于土壤表面。

（b）苗后除草：5%精喹禾灵80～100g＋25%氟磺胺草醚100～120g＋48%苯达松150～200g（刺菜等）80～120斤水/亩。

2）中耕管理：

（a）耥蒙头土：垄作地块在子叶刚拱土，子叶大部分尚未展开时进行。用机引铲耥机耥地，将松土蒙在垄上，厚2cm。能消灭杂草。

（b）铲前耥一犁：平作、垄作均可采用。在豆苗显行罩垄时进行，松土除草、增温放寒。

（c）当大豆长出6～8片复叶时，进行最后一次铲耥，做到深耥培土至根部。深耥能有效接蓄雨水、抗涝防倒。

3）及时防治病虫害：适时防治大豆蚜虫、红蜘蛛、蓟马、大豆食心虫、大豆灰斑病、霜霉病、菌核病等病虫害。

（6）收获及脱粒：

1）适时收获。大豆全部落叶，归圆摇铃为最佳收获期，应及时机械收获。收获不宜过晚，以减少炸荚和籽粒破碎。

2）收割质量。割茬低，不留荚。专用的品种单收、单运、单脱粒、单储藏。收割损失率小于1%，脱粒损失率小于2%，破碎率小于1%，泥花脸率小于5%，清洁率大于95%。产品质量达到大豆收购质量标准三等以上。

适宜范围

黑龙江省望奎县及周边垄作地区。适用于平川地、土壤墒情较好的地块，丘陵坡岗地土壤墒情不好的地块不宜应用。

技术来源：黑龙江省农业科学院绥化分院
联系人：景玉良　　　电话：0455-8398739

绥化市北林区大豆 65cm 垄上双行高产栽培技术模式

技术目标

该项技术是指在 65cm 垄上种植两小行大豆，小行间距 10~15cm 的种植方式及配套的先进栽培技术。此项技术可使大豆植株在垄上均匀分布，确保对水分、肥料吸收比较平衡，田间通风透光环境良好，创造一个高产的大豆田间群体结构。据全区多点调查，同品种、同等密度，垄上双行比垄上单行种植的大豆，平均增产10%以上，是提高大豆种植效益的有效栽培技术措施。

技术要点

（1）轮作：选正茬合理轮作，力争做到不重不迎。

（2）整地：

1）有深翻深松基础的地块，可进行秋耙茬后起垄镇压，耙深 12~15cm。

2）土壤墒情较差地块，进行原垄种床深松播种，防止散墒。

3）无深翻深松基础的地块，最好进行秋翻起垄或耙茬深松起垄。耕翻深度 20~23cm，耙茬深度 12~15cm，深松深度 25cm 以上。秋翻或耙茬深松整地后起垄镇压达到播种状态；秋翻秋起垄未镇压地块要抢在清明前镇压；秋翻未起垄的地块春季要顶凌耙耱起垄镇压连续作业，防止土壤跑墒严重。

（3）品种及种子处理：

1）品种：选择经审定推广、高产、优质、抗逆性强的大豆品种，如绥农42、绥农52、绥农53、绥农76、绥农94、绥农82、垦丰16、合丰50、合丰55、黑农84和黑农48等。

2）种子处理：种子播前要进行精选，用人工或机械粒选，剔除虫食粒、病粒和杂质，种子质量达到：纯度不低于98%，净度不低于99%，发芽率不低于90%，含水量不高于13%。精歌+48%噻虫嗪悬浮种衣剂，分别加 400mL 和 300mL 拌 100kg 种子；或用 2.5% 适乐时 150mL 加益微 100~150mL 拌 100kg 大豆种；或用 2% 菌克毒克 1000~1500mL 加益微 100~150mL 拌 100kg 大豆种，拌匀后晾干。防治地下害虫、苗期害虫及根部病害。

（4）播种：

1）播期：当地表下5cm，日平均温度稳定通过 7~8℃，土壤含水量在20%左右时为适宜播种期。我区第二积温带4月25日至5月5日播种；第三积温带5月1日至5月10日播种。

2）播法及密度：采用机械垄上等距精量点播，每公顷下种量 50~60kg，每公顷保苗25万~28万株。

(5) 施肥：

农肥：结合整地每公顷包夹优质农肥30吨做底肥。

种肥：每公顷施磷酸二铵150~187.5kg、尿素50~75kg、硫酸钾75~90kg；或用40%总养分含量以上的专用肥375kg。种肥要深施于种下5~7cm，切忌种肥同位、防止烧种。追肥：在大豆初花期公顷追尿素37.5kg或公顷用尿素7.5~10kg加磷酸二氢钾0.75~1.5kg兑水500kg叶面喷施。

(6) 田间管理：

1) 化学除草：春季土壤墒情好时采取土壤封闭处理，春季干旱时采用苗后除草。

(a) 防除一年生禾本科、阔叶草。播后苗前每公顷可用72%都尔或普乐宝1500~1950mL，加75%宝收15~19.5g，加70%嗪草酮300~405mL。

(b) 芦苇的化学防除。在大豆1~3片复叶期，用15%精稳杀得乳油每公顷3000mL，或5%精禾草克每公顷1500~1950mL喷雾。

(c) 鸭跖草的化学防除。大豆出苗后防治鸭跖草应在三叶期前，可选用如下药剂：每公顷用25%虎威1500~2500mL；或用48%排草丹2475~3000mL，或采用混配方法：每公顷用48%广灭灵600~750mL加48%排草丹1500mL。

(d) 苣荬菜、刺儿菜、大刺儿菜的化学防除。大豆出苗后，在杂草8个叶以前用药效果最佳，配方如下：每公顷用48%广灭灵600~750mL加48%排草丹1500mL。人工喷洒时每公顷兑水300~450kg，用拖拉机牵引的喷雾机喷雾时每公顷兑水225kg。

(e) 苗后除草在大豆出苗后，杂草2~4叶期进行。常见茎叶处理除草剂配方：(以下为公顷用量)

12.5%拿扑净100~130mL+48%苯达松1950~3000mL。

15%精稳杀得750~975mL+48%苯达松1500mL+25%虎威600~675mL。

15%精稳杀得1500mL+48%苯达松2250mL+48%广灭灵600~675mL。

每公顷兑水量300~375mL。

2) 中耕管理：当大豆拱土时，进行铲前深松或趟一犁。苗期及时铲趟，做到三铲三趟，铲趟伤苗率要小于3%。第一次趟深15cm；第二次不晚于分枝期，趟深10~12cm；第三次在封垄前进行，培土达到第一复叶节，趟深10cm。后期在草籽尚未成熟前拔净大草。

3) 病虫害防治：

(a) 防治地下害虫、根腐病等最好用种衣剂包衣。(前已有)

(b) 大豆食心虫对大豆外观品质和商品等级影响严重，必须注忌防治。如大豆封垄好，可用80%敌敌畏乳油制成的毒棒熏蒸，每公顷用药量为1500~

1950g；如果封垄差，可用 2.5% 敌杀死等菌酯类农药防治，每公顷用量 300～450mL，兑水 450kg，进行叶面喷施。防治时间为 8 月 10 日前。

（c）防治蚜虫和红蜘蛛。当百株大豆有蚜虫或红蜘蛛达 1000 头时，应进行防治。每公顷可用 35% 赛丹乳油 1050～1500mL，或用 10% 吡虫啉 1500g，兑水 450kg 喷雾。

（d）防治大豆灰斑病：在大豆花荚期，当叶片 30% 以上出现病斑时，用 40% 多菌灵胶悬剂 500 倍稀释液，或用 70% 甲基托布津可湿性粉剂 1000 倍稀释液，或用 50% 退菌特可湿性粉剂 800 倍液喷施。

其他病虫害根据田间预测预报及时防治。

（7）灌溉：在大豆生长发育过程中，有条件的地方可根据土壤墒情和大豆需水规律适时补充水分，适宜大豆生长发育的土壤水分指标为土壤田间最大持水量的 65%～75%，当低于 65% 时，应及时灌溉。一般年份，从开花期开始，到 8 月 20 日截止，每隔 13～15 天灌一次水，每次灌水量 1020～1110m^3/hm^2。

（8）适期收获：人工收获宜在落叶达 90% 时进行，机械联合收割应在叶片全部落净，豆粒归圆时进行。脱粒后进行机械或人工清选。

适宜范围

黑龙江省绥化市北林区及周边垄作地区。

技术来源：黑龙江省农业科学院绥化分院
联 系 人：景玉良　　　　电话：0455-8398739

大兴安岭地区超早熟大豆种植栽培模式

技术目标

该技术依靠深松技术、品种选择和栽培密度控制增加土壤库容，保水抗旱，优化了大豆植株群体的布局，能够增加冠层叶面指数，提高对光能的利用率，增加干物质的积累，可以明显提高大豆产量，实现大豆的高产和稳产，达到了增产目的，是提高大豆种植效益的有效栽培技术措施。

技术要点

（1）整地：大兴安岭地区生育期短，采用机械联合整地、秋翻或深松后下雪，可春整地；注意春风大易失墒，应尽量做到耙、播种、镇压连续作业。

玉米前茬种植大豆，秋季收获同时要清理干净地表残留的秸秆，春化冻土壤15cm以上开始灭茬整地起垄；马铃薯等需肥力大的前茬作物导致土壤板结，耙地之后要用旋耕机重新破碎土块做到平整细碎。

（2）品种选择：选用抗倒伏、底荚高度适中、三四粒荚多、高蛋白和产量潜力高的品种；大兴安岭地区多为丘陵小气候，阴坡宜选用成熟期95天年积温1800~2000℃的大豆品种，阳坡宜选用成熟期105天年积温2000~2200℃的大豆品种。

（3）播种与施肥：当土壤10cm深处地温稳定通过7~8℃时进行播种，播法是起65cm垄，或45cm小垄，在垄上种植两行大豆，播种密度在40万~50万株。种肥要进行分层施肥，深施肥在10~12cm，浅施肥在5~7cm。

（4）田间管理：播后苗前封闭除草剂喷施，主要控制一年生杂草，可同时消灭已出土的杂草；在大豆2~3片复叶期，阔叶杂草2~6叶期，禾本科杂草3~5叶期，喷施茎叶化学除草剂1次。在大豆苗期进行垄沟深松，深度20cm以上，同时，宜进行中耕培土2次。按照不同种类病害、虫害发生的规律进行病虫害的防治，并注意特殊年份的及时防治。

（5）农艺程序：前茬作物机械收获（秸秆移除或粉碎抛撒）→秋季秋翻或秋深松→春耙地、起垄→播种和镇压→化学除草→中耕管理→秋季机械收获、秸秆粉碎抛撒→留茬或深松整地越冬。

适宜范围

黑龙江大兴安岭地区。

注意事项

（1）播种期。大豆播种在5月中下旬，大兴安岭地区早播地温上不来，种子不但处于休眠状态还会粉籽，大部分地方在6月初不下雨，会有一场清霜危害到刚出土的幼苗。

（2）播种量。垄上双行行距65cm采用密度45万株/hm²。种植密度主要根据土壤肥力、品种特性、气温以及播种方式等而定。肥地宜稀，瘦地宜密，晚熟品种宜稀，早熟品种宜密；早播宜稀，晚播宜密，气温高的地区宜稀，气温低的地区宜密。这些便是确定合理密度的原则。

（3）品种种子选择和引进。由于大兴安岭地区地形复杂多为丘陵小气候，决定最终大豆产量和品质的关键因素是活动积温，根据实际地形、播种密度和品种生育期三方面综合考虑去迎合积温种植，切不可越区种植；从其他地区引进的品种虽标注的生育期为95～105天，但由于大兴安岭地区积温低在本地最终表现的生育期天数会延长，要经过引种小面积种植后方可大面积播种。

（4）施肥。种肥在播种同时随种子一同施入，公顷用量为250kg，前玉米茬或马铃薯茬口土壤肥力大可以适当降低施肥量和改变配比。大豆每公顷播种量：籽种75kg/hm²（40万株/hm²）；

施肥方案（共计用量为250kg/hm²）：

方案一：高浓通用型复合肥（N∶P∶K=14∶18∶16）总养分不小于48%；

方案二：尿素100kg/hm²，磷酸二铵100kg/hm²，钾肥50kg/hm²；

采用测土配方根据各自土壤肥力条件设计高产施肥量。

（5）病虫草害防治。在干旱年份，虫害较重；在雨水较大年份病害较重，应及时查田进行防治，以减少对大豆产量和品质的影响。苗后除草剂喷施过程中，为了充分发挥药效，治理尖叶和阔叶的除草剂要分开喷施。

（6）叶面肥和生长调节剂。大兴安岭地区在大豆生长期中早晚冷凉，叶面肥和生长调节剂喷施吸收率偏低，3～5次会见效；且喷施过程恰逢雨季苗后除草和中耕作业有冲突，要有侧重选择兼顾所有地块。

（7）机械作业要求。进行播种地块的整地在伏秋整地后，要起平头大垄，并及时镇压，达到耕层土壤细碎、疏松、地面平整，达到适宜播种状态；深松时要掌握好深松的适宜时机，过干过湿都会影响深松的质量。

技术来源：大兴安岭农林科学院

联 系 人：杜升伟　　　　　**电话**：15094619271

黄淮海夏大豆低损高质收获技术

技术目标

针对我国黄淮海夏大豆主产区大豆种植方式欠规范、种植地块不平整、收获时间短、收获质量差、专用收获技术缺乏等现状,研究形成了黄淮海夏大豆低损高质收获技术。该技术从大豆收获易破易碎特性出发,集成了适收品种选择方法、适收期选择方法、大豆专用收获作业部件、关键作业参数调节规程等,形成了整体性、系统性大豆低损高质收获解决方案,解决了大豆收获损失率高、破碎率高的问题,提高了大豆收获质量。

技术要点

(1) 品种选择:选择抗倒伏,株型收敛、株高适中,底荚高度10cm以上,籽粒大小均匀,成熟度一致,不易破碎,植株落黄性好,适合机械化作业的品种。

(2) 收获时期:大豆联合收获最佳时期在完熟初期,此时大豆叶片全部脱落,植株呈现原有品种色泽,籽粒含水量降为18%左右。

(3) 收获机具:首选专用大豆联合收获机,也可选用多用联合收获机或借用稻麦联合收割机。

(4) 部件调整:若选用多用联合收获机或借用稻麦联合收割机,建议更换大豆收获专用挠性割台、大豆脱粒专用脱粒部件、大豆清选专用筛、大豆籽粒输送部件等。

(5) 作业参数:不同机型作业参数选择和设置略有差别。一般调整脱粒滚筒线速度至470~490m/min(即滚筒转速为500~650r/min),脱粒段脱粒间隙25~30mm、分离段脱粒间隙20~25mm、导流板角度25°左右、风机转速1260r/min左右、分风板角度11.5°左右。若采用鱼鳞筛,上筛前部开度约19mm、上筛后部开度约11mm;若采用编制筛,上筛筛孔大小14mm×14mm,下筛筛孔大小12mm×12mm。调整割刀间隙,保证割刀锋利。依据大豆植株状况,适当调整拨禾轮转速和位置。

(6) 收获质量:割茬不留底荚,不丢枝,总损失率不大于3%、破碎率不大于3%、含杂率不大于3%、泥花脸不大于5%。

适宜范围

黄淮海麦、豆一年两熟区。

注意事项

（1）在收获时期，一天之内大豆植株和籽粒含水量变化较大，应根据含水量和实际脱粒情况及时调整滚筒的转速和脱粒间隙，降低脱粒破损率。

（2）根据当地大豆种植情况适时收获，割茬适当，充分利用晴天地干时机，突击抢收，防止泥花脸，提高清洁度。

技术来源：农业农村部南京农业机械化研究所
联 系 人：金诚谦　　电话：025-84346200

大豆高效培肥种植技术模式

大豆深层培肥改土技术模式

技术目标

土壤板结及土壤肥力下降制约黑龙江省大豆品质和产量，心土培肥改土技术依靠心土培肥犁打破犁底层，将肥料施用在耕层以下母质层以上的心土层中，疏松土壤，增加土壤通气和蓄渗性能，减少地表径流和土壤冲刷，抗旱保墒，改善土壤理化性质，提高土壤肥力，有助于构建肥沃耕层。大豆作为直根系作物，该技术能够保证土壤对大豆中后期养分的供给，促进根系向下伸展，有利于提高干物质积累量，进而增加大豆产量，相较于常规垄作产量可增加10%～20%，实现大豆高效培肥促高产的目的。

技术要点

1. 土壤调查

通过取样或现场调查土壤含水量和秸秆含水量，确定最适宜机械作业期。需秸秆粉碎还田和根茬粉碎还田的地块，其土壤相对含水量应小于田间持水量的80%，大豆秸秆含水量小于30%。

2. 心土培肥

秋季收获后，当土壤及秸秆条件符合土壤调查的要求时，以心土培肥犁进行土壤翻、松及心土培肥作业，培肥后覆土镇压，使土壤达到上层翻下层松的状态，翻土犁翻深为10～12cm，心土犁深度为20cm，施肥深度为15cm，起垄后肥料深度为25cm左右。

3. 机械整地

心土培肥后进行耙地，达到地表平整，机械起垄，达到待播种状态。

4. 心土培肥连续作业要求

心土培肥改土周期为5年，肥料为磷肥和缓效氮肥，施肥量按照当地常规氮磷施肥量的1倍施入，心土培肥后第二年开始按照常规施肥方式和施肥量进行施肥，第3～5年处理方式同第二年。

适用范围

黑龙江省全部地区。

注意事项

（1）进行心土培肥改土时要保证土壤水分含量满足机械作业的要求，过高水分含量会直接影响培肥的位置和深度，降低作业质量。

（2）黑龙江省大豆施肥往往磷肥偏多，钾肥偏少，要根据土壤的养分组成，在施肥中适当注意氮、磷、钾的比例，做到控氮、稳磷、补钾。

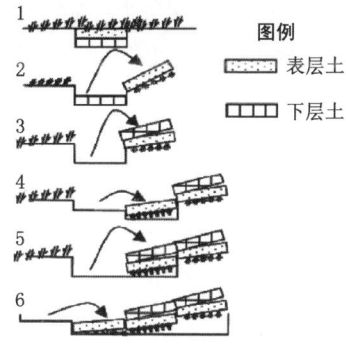

技术来源：黑龙江省黑土保护利用研究院
联系人：王秋菊　　　　　电话：13945151855

大豆高效施肥技术模式

技术目标

该技术以肥沃耕层构建技术为基础,通过调整大豆化肥施用量,有效改善了土壤的通气和养分状况,适时为大豆提供所需要的养分,有利于大豆根瘤菌的繁殖,增强大豆共生固氮能力,达到了大豆产量和品质协同提升,较常规施肥技术能够增产10%左右,是提高大豆经济效益和保育黑土耕地的有效栽培技术措施。

技术要点

(1)选茬:前茬选择玉米等非豆科作物。

(2)整地及肥沃耕层构建:利用具有秸秆粉碎功能的机具将秸秆破碎抛洒在田面,再将混匀的有机肥均匀抛撒上面,有机肥施用量为15000~22500kg/hm^2,然后采用螺旋式犁壁犁将0~35cm土层旋转90°±30°,均匀将秸秆深混到0~35cm土层中。利用圆盘耙对地块进行耙地,耕后地表平整,保持原状或起垄,达到翌年春播待播种状态。

(3)施肥:化肥做种肥,施用120~150kg/hm^2磷酸二铵,60~80kg/hm^2硫酸钾,施于种侧下方4~5cm处,切忌种肥同位,以免烧苗。大豆初花期后每亩追施尿素0.5~0.7kg和磷酸二氢钾0.2~0.3kg进行1~2次叶面喷施。

(4)品种选择:选择适合当地积温带种植的高产优质大豆品种。

(5)播种:土壤5~10cm深处地温稳定在6~9℃时进行播种。播法采用机械垄上双行精量播种,双行间小行距10~15cm,播种密度在28万~35万株/hm^2。

(6)田间管理:化学除草要根据当年土壤墒情而定,墒情好的地块要以苗前处理为好,墒情不好要在苗后用药,有机质含量低土壤水分大用低量,反之用高量。在大豆展开第一片复叶之后头遍铲趟,疏松土层,深耕15cm。初花期中耕10cm深,培土不高于第一片复叶。

(7)农艺程序:前茬作物机械收获(秸秆粉碎抛撒)→秋季肥沃耕层构建,达到待播种状态→春季播种大豆→镇压→化学除草→中耕管理→秋季机械收获、秸秆粉碎抛撒→免耕→翌年春季播种玉米。

适宜范围

黑龙江省中部和北部地区。

注意事项

（1）播种时期。黑龙江中北部地区在5月5—15日播种为宜，土壤墒情较差时宜适当深播，土壤墒情较好时宜浅播。

（2）病虫害防治。化学除草要根据当年土壤墒情而定，墒情好的地块要以苗前处理为好，墒情不好要在苗后用药，有机质含量低土壤水分大用低量，反之用高量。

（3）机械作业要求。采用机械垄上双行精量播种，双行间小行距10～15cm。

技术来源：中国科学院东北地理与农业生态研究所
联 系 人：严君　　　　　　电话：0451-86691092

大豆带状深松栽培技术

技术目标

该技术在前茬作物秸秆覆盖还田基础上,采用深松灭茬整地后沿深松带播种,苗期进行垄沟深松1次,中耕培土1～2次。该技术较常规种植方式能够节约成本20%左右,是提高大豆种植效益的有效栽培技术措施。

技术要点

(1) 秸秆处理:采用具有秸秆粉碎装置的联合收获机粉碎秸秆,一次性完成收获和秸秆粉碎作业;在高留茬、站秆作物及秸秆未达到粉碎要求时,应采用秸秆粉碎还田机进行秸秆粉碎作业。

(2) 灭茬深松整地:垄作地块整地时,采用深松灭茬整地机沿垄台进行带状深松、灭茬,深松深度30～35cm、灭茬宽度30～35cm、灭茬深度10～12cm,达到土壤细碎、疏松;平作地块整地时,采用深松灭茬整地机按着下茬大豆种植的垄向,进行带状深松、灭茬,深松灭茬间距与下茬大豆种植垄距相同;深松深度30～35cm、灭茬宽度30～35cm、灭茬深度10～12cm,达到土壤细碎、疏松。

(3) 品种选择:选择审定推广的成熟期适宜、高产、优质、抗逆性强的大豆品种。种子质量应符合GB 4404.2的要求。

(4) 播种:土壤5cm深处地温稳定通过7～8℃时,沿深松灭茬带进行播种,播种深度3～5cm,播深一致、均匀无断条,播后及时镇压。

(5) 施肥:化肥在播种时施入,应侧深施肥,施于种子侧向5～6cm、深度为种下5～6cm和10～11cm两层,各占50%。根据测土配方结果确定化肥用量,一般施纯N为30～45kg/hm^2、P$_2$O$_5$为80～110kg/hm^2、K$_2$O为40～55kg/hm^2,或等养分的复合肥。在大豆开花期和结荚期,依据大豆长势适时叶面追肥。

(6) 中耕管理:在大豆2～3片复叶时进行垄沟深松,深度25～30cm。深松后7～10天进行中耕培土1次。大豆遇旱时适时灌溉,遇涝时及时排水。

(7) 收获:在大豆成熟期采取机械联合收获。割茬高度以不留底荚和不出现"泥花脸"为准,不丢枝、不炸荚,损失率不大于3%。秸秆还田时,秸秆粉碎均匀抛撒,秸秆长度不大于10cm。

适宜范围

黑龙江省及周边垄作地区。

注意事项

（1）还田质量要求：秸秆粉碎还田作业时，要求土壤含水量不大于25%，粉碎后的秸秆长度不大于10cm，秸秆粉碎长度合格率不小于85%，留茬高度不大于10cm，粉碎后的秸秆应均匀抛撒覆盖地表。

（2）灭茬深松整地时间：伏秋整地为宜，未伏秋整地的地块，土壤墒情好时应随整地随播种。

（3）种子处理：种子进行包衣处理。

（4）种植密度和播量：根据品种特性、地势、土壤肥水条件等确定密度和播种量。

（5）病虫草害防治：坚持"预防为主、综合防治"的植保方针，以农业防治为基础，优先采用物理和生物防治技术，化学防治应使用高效、低毒、低残留农药品种。

技术来源：东北农业大学农学院

联 系 人：闫超　　　　电话：0451-55190134

米豆轮作条件下大豆高产栽培技术

技术目标

根据《全国种植业结构调整规划（2016—2020年）》和《探索实行耕地轮作休耕制度试点方案》要求，东北地区以发展玉米与大豆轮作为主，发挥大豆根瘤固氮养地作用，提高土壤肥力，增加优质食用大豆供给。为促进吉林省大豆生产，制定了米豆轮作条件下大豆高产栽培规程，技术包括选地与整地、品种选择与播种、施肥、田间管理及收获等综合生产技术。重点对轮作条件下的播种、除草剂使用和施肥等关键栽培措施进行说明，以确保米豆轮作条件下，实现农民增产增收。

技术要点

（1）整地：实行玉米-玉米-大豆或玉米-大豆合理轮作。有条件的可采取玉米秸秆深翻还田，后进行联合整地；秸秆移除的，当耕层解冻10cm时，进行灭茬、起垄，垄向直，垄距60～65cm，垄体规范，深度均匀。

（2）品种选择：选择高产、抗倒、优质品种，采用国家农药相关登记的大豆专用种衣剂进行包衣。

（3）播种与施肥：4月25日至5月10日，当土壤5cm处地温稳定通过10℃为适宜播种期，采用垄上双行精量播种机播种，行间距10～12cm；或采用播种器、扎眼器穴播，每穴2粒，播种密度为20万～25万株/hm^2。播种、覆土均匀，播后及时镇压，镇压后土层厚度3～5cm。由于前茬种植玉米，施肥量均较大，大豆施肥可适量减少。尿素50kg/hm^2，磷酸二铵100～150kg/hm^2，硫酸钾80～120kg/hm^2。70%的化肥，施肥深度要达种下10～15cm，结合翻整地施入；播种时施入剩余30%的化肥，施肥深度达种下4～5cm处。如播种时种肥不能施入，结合整地一次性施入。

（4）田间管理：播种后出苗前，选择90%乙草胺（禾耐斯、90圣农施，括号内为除草剂其他名称，下同）与嗪草酮（赛克、甲草嗪）、2,4-滴异辛脂、异噁草松（广灭灵、田得济、豆草灵、封锄）等药剂混用。在大豆苗后2～3叶期，杂草2～4叶期施药；以禾本科杂草为主的大豆田，可以选用精禾草克（精喹禾灵、精克草能、金草克）、拿捕净（烯禾啶、灭草敌）、精稳杀得（精吡氟禾灵）、高效盖草能（高效氟吡甲禾灵、圣戈、高盖）等；以阔叶杂草为主的大豆田，可以选用灭草松（排草丹、苯达松）、虎威（氟磺胺草醚）、三氟羧草醚（杂草焚、杂草净）、克莠灵（苯达松＋杂草焚）、克阔乐（阔侠）等；禾本科杂草与阔叶杂草混发的大豆田，可以选择上述两类除草剂混用。不进行化学除草的，可以实行铲趟制。在幼苗第一片复叶展开时，进行头遍铲趟；苗高10cm左右，进行第二遍铲趟，中耕深度12cm；封垄前进行第三遍铲趟，培土达到第一复叶节。化学除草效果较好，有条件的也可以进行第一遍和第三遍趟地，以破除土壤板结层，防止后期倒伏。适时防治大豆主要病虫害。

（5）农艺程序：前茬作物机械收获（秸秆移除或深翻还田）→秋季灭茬起垄或深松起垄→春季播种大豆→镇压→化学除草→中耕管理→秋季机械收获、秸秆粉碎抛撒→留茬或深松整地越冬→翌年春季播种玉米。

适宜范围

适宜吉林省长春、四平、吉林、辽源、松原、延边等地区推广。

注意事项

（1）使用除草剂时，避免对下茬玉米产生药害。异噁草松属长残效除草剂，与其他除草剂混用，限制其使用药量有效成分480g/hm^2，即48%异噁草松1000mL/hm^{2}以内；另外，不能重复施药，随意增加用药量，使用标准的喷雾机械，药液喷洒要均匀。切记用药量过大时，下茬不能种玉米、小麦、甜菜、马铃薯等对异噁草松敏感的作物。

（2）建议不选择咪唑乙烟酸（普施特、豆草特、豆施乐）、氯嘧磺隆（豆黄隆、豆草隆）残留时间长，对下茬作物危害种类多而严重的除草剂。

（3）种植玉米时应控制对大豆敏感的除草剂用量。玉米除草剂莠去津（阿特拉津）有效成分超过1000mL/hm^{2}时，对下茬大豆会有不同程度的不良影响或药害。

（4）若玉米或大豆产生除草剂药害时，可选用功能性植物营养剂缓解药害。如碧护（赤·吲乙·芸苔）、益微（SOD菌剂）、禾生素（壳聚糖-N）等，混用效果更好，碧护2g/亩+益微20mL或4%禾生素30～50mL喷雾缓解药害。

技术来源：吉林省农业科学院大豆研究所
联 系 人：张伟　　　　**电话**：0431-87063239

黄淮海夏大豆免耕覆秸机械化生产技术

技术目标

该技术是针对黄淮海地区大豆播种时麦秸麦茬处理困难，大豆播种质量差，雨后土壤板结严重影响大豆出苗，土壤有机质含量持续下降，生产成本居高不下等问题，研究形成的技术体系。通过该技术，实现了小麦秸秆的全量还田，解决了播种时秸秆堵塞播种机，麦秸混入土壤后造成散墒、影响种子发芽，土壤有机质下降等长期悬而未决的难题；通过覆盖秸秆，提高了土壤水分利用效率，避免了播种苗带土壤板结；在小麦原茬地上，一次性完成"种床清理、侧深施肥（药）、精量播种、封闭除草、秸秆覆盖"等5项作业，提高播种质量，降低生产成本；通过侧深施肥，提高了肥料利用效率；通过化肥农药减施保证了大豆品质。实现了黄淮海麦茬夏大豆生产农机农艺融合、良种良法配套、生产生态协调。

技术要点

（1）优质高产大豆新品种选择：蛋白质、豆浆产率和豆腐产率较高；高产田块大面积种植可达到200kg/亩；抗大豆花叶病毒、疫霉根腐病，抗旱、耐涝，稳产性好；抗倒性好，底荚高度适中，成熟时落叶性好，不裂荚。

（2）种子处理：精选种子，保证种子发芽率。按照每粒大豆种子黏附根瘤菌 $10^5\sim10^6$ 个的用量接种根瘤菌剂，直接拌种或采用高分子复合材料包膜根瘤菌包衣技术。根瘤菌直接拌种后要尽快播种（12h内）；采用高分子复合材料包膜技术，可以在播前1~2个月将根瘤菌包衣到种子上，适合大面积机械化播种。防治病害用7.4%苯醚甲环唑·吡唑醚菌酯FS拌种。每亩播种量在3000~4000g，保苗1.5万株。

（3）小麦秸秆处理：综合考虑小麦收获成本及籽粒损失，建议小麦收获茬高30cm，不对小麦秸秆进行粉碎、抛撒。

（4）麦茬免耕覆秸精量播种：麦收后趁墒播种，宜早不宜晚，底墒不足时造墒播种。采用麦茬地大豆免耕覆秸播种机播种，横向抛秸、侧深施肥（药）、精量播种、封闭除草、秸秆覆盖一次完成，行距40cm，播种深度3~5cm。结合播种亩施复合肥（N:P:K=15:15:15）10kg，施肥位置在种子侧面3~5cm，种子下面5~8cm。

（5）病虫害综合防治：蛴螬发生较重的地区或田块，可结合侧深施肥亩施30%毒死蜱微囊悬浮剂0.5kg加200亿孢子/g卵孢白僵菌粉剂0.5kg，或者200

亿孢子/g卵孢绿僵菌0.5kg防治蛴螬。可结合播种实施田间封闭除草，亩施用精甲·嗪·阔复合除草剂135g，机械喷雾每亩用量15～20L，防治黄淮海地区大豆田常见的杂草。

幼苗期注意防治大豆孢囊线虫病、根腐病及蚜虫、红蜘蛛等，花期注意防治点蜂缘蝽、蛴螬、造桥虫、豆天蛾、棉铃虫，鼓粒期注意防治豆天蛾、造桥虫等。尽量使用生物杀虫剂或高效低毒杀虫剂。防治点蜂缘蝽，可在开花期喷施吡虫啉、氰戊菊酯、氯虫·噻虫嗪等杀虫剂，隔7～10天喷1次，连喷2～3次。注意防治成株期病害，主要包括大豆根腐病、大豆溃疡病、大豆拟茎点种腐病、炭疽病等，可在开花初期及结荚期使用嘧菌酯+苯醚甲环唑进行防控。

(6) 低损机械收获：联合收获最佳时期在完熟初期，此时大豆叶片全部脱落，植株呈现原有品种色泽，籽粒含水量降为18%以下。大豆联合收获机进行调整：①割台：配置扰性割台或大豆低割装置割台；②拨禾轮：转速尽量降低；③脱粒系统：配置大豆低破损脱粒滚筒，凹板筛栅条之间的有效间隙为15～18mm，脱粒滚筒与凹板筛之间的间隙为20～30mm，脱粒滚筒线速度不大于13m/s，将脱粒滚筒脱粒部件除锐角、倒钝；④排草口：安装拔草装置，保持排草口顺畅；⑤调整清选系统风机转速与振动筛类型，保证清选清洁度。

适宜范围

黄淮海麦、豆一年两熟区。

注意事项

如果因为天气原因造成封闭除草效果不佳，应及时采取茎叶处理。

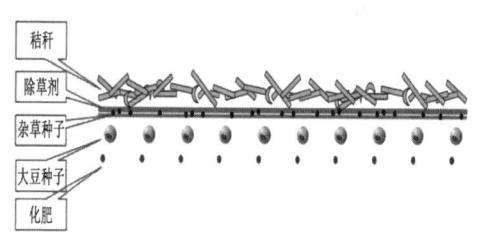

技术来源： 中国农业科学院作物科学研究所
联 系 人： 吴存祥　　　　　　电　话：010-82105865